单片机应用技术

李新辉　陈长远　孙　娜　**主　编**
王　坤　谷宝荣　高　静　**副主编**

北京邮电大学出版社
www.buptpress.com

内 容 简 介

本书是在总结学院课程改革、技能大赛、工程实践的基础上编写而成的。以 51 系列单片机为载体,运用任务驱动教学法和项目教学,由浅入深、层层深入,最终完成综合项目。为了保证书的内容更全面、更实用,本书将 C 语言的部分内容引进来。本书主要包括以下内容:单片机基础知识、开发系统及应用、单片机并行 I/O 口及应用、显示电路控制、定时器/计数器的使用、中断系统、键盘控制、串行通信、综合应用等。每一章都有任务知识引导和与所学知识相对应的典型工作任务组成,最终在第九章综合应用中将单片机应用技术提升到了一定高度。

本书内容翔实、实例丰富,有较强的实际应用指导价值,可作为高职高专电气自动化技术、机电一体化技术、通信及电子信息类专业教材或教学参考书,也可供相关工程技术人员参考。

图书在版编目(CIP)数据

单片机应用技术 / 李新辉,陈长远,孙娜主编. -- 北京:北京邮电大学出版社,2017.6
ISBN 978-7-5635-4643-5

Ⅰ. ①单… Ⅱ. ①李… ②陈… ③孙… Ⅲ.①单片微型计算机-教材 Ⅳ. ①TP368.1

中国版本图书馆 CIP 数据核字(2015)第 319038 号

书　　　名:单片机应用技术
著作责任者:李新辉　陈长远　孙　娜　主编
责 任 编 辑:满志文
出 版 发 行:北京邮电大学出版社
社　　　址:北京市海淀区西土城路 10 号(邮编:100876)
发 行 部:电话:010-62282185　传真:010-62283578
E-mail:publish@bupt.edu.cn
经　　　销:各地新华书店
印　　　刷:保定市中画美凯印刷有限公司
开　　　本:787 mm×1 092 mm　1/16
印　　　张:8.75
字　　　数:213 千字
版　　　次:2017 年 6 月第 1 版　2017 年 6 月第 1 次印刷

ISBN 978-7-5635-4643-5　　　　　　　　　　　　　　　　定　价:21.80 元

前　言

　　"单片机应用技术"这门课程是电气、电子及信息类高职学生的一门主干课,是培养从事智能化电子产品设计技术人员的一门基础课程,为进一步学习嵌入式系统奠定基础。基于此,本书从应用角度出发,基于"任务驱动"教学改革模式,通过内容精选、整合和优化,以满足高等职业院校课程体系改革要求。

　　全书共分 9 章,由 10 个任务和两个综合项目组成。第 1 章为"单片机基础知识"主要介绍了单片机的概念、应用领域及各个系列的单片机。第 2 章为"开发系统及应用"主要介绍了单片机开发的相关工具以及单片机最小系统的搭建。并通过任务 1 演示了单片机应用系统的实现。第 3 章为"单片机并行 I/O 口及应用",系统介绍了单片机输入输出口工作原理以及 C51 语言的语法及编程,在此基础上通过 3 个任务来展开实践。第 4 章为"显示电路控制"介绍了 LED 数码管的工作原理及静态、动态显示实现,并通过 2 个任务来开展实践。第 5 章为"定时器/计数器的使用",主要讲述了定时器/计数器的工作原理及使用。本章包括任务 7:"交通灯设计"。第 6 章为"中断系统"介绍了单片机中断系统的工作原理及使用,并通过任务 8 介绍了中断的应用。第 7 章为"键盘控制",介绍了键盘工作原理,并通过任务 9"四人抢答器的实现"来介绍键盘的具体应用。第 8 章为"串行通信",介绍了单片机串口的工作原理及相关设置,通过任务 10"单片机与 PC 之间的通信"对上下位机通信进行实践。第 9 章为"综合应用",通过 2 个综合项目"智能循迹车"和语音播报的温湿度仪的系统设计来展开。本书包括两个附录:"常用的 C51 标准库函数"和"Keil C51 编译器常见警告与错误信息的解决办法",对一些基本库函数及调试中的警告错误信息予以说明。

　　本书由辽宁工程职业学院李新辉、陈长远、孙娜任主编,王坤、谷宝荣、高静任副主编。李新辉负责全书的内容结构安排、工作协调及统稿工作。具体编写安排:第 1 章(陈长远),第 2 章、第 3 章(王坤),第 4 章(高静),第 5 章(孙娜),第 6 章、第 9 章项目 2(谷宝荣),第 7 章、第 8 章及第 9 章项目 1(李新辉)。在编写过程中还得到教务处、电气工程系领导及有关同志的大力支持与协助,在此一并表示感谢。

　　本书内容涉及面广,由于编者水平所限,不足之处在所难免,欢迎读者批评指正。

编　者

目　　录

第1章 单片机基本知识

1.1 初识单片机

1.1.1 单片机概念

单片微型计算机(Single Chip Microcomputer)简称单片机,是指集成在一个芯片上的微型计算机,它的各种功能部件,包括 CPU(Central Processing Unit)、存储器(Memory)、基本输入/输出(Input/Output,简称 I/O)接口电路、定时/计数器和中断系统等,都制作在一块集成芯片上,构成一个完整的微型计算机。由于它的结构与指令功能都是按照工业控制要求设计的,故又称为微控制器(Micro-Controller Unit,简称 MCU)。

构成:CPU(进行运算、控制)、RAM(数据存储)、ROM(程序存储)、输入/输出设备(例如:串行口、并行输出口等)。而且有一些单片机中除了上述部分外,还集成了其他部分如 A/D 和 D/A 等。单片机内部结构如图 1-1 所示。

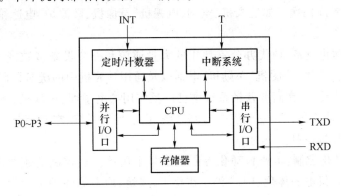

图 1-1 单片机内部结构

1. 单片机可按以下几种情况分类

(1) 按 CPU 处理字的长度分

单片机按 CPU 处理字的长度可分为:4 位单片机、8 位单片机、16 位单片机和 32 位单片机。

(2) 按使用范围分

单片机按使用范围可分为通用型单片机和专用型单片机两大类。

2. 单片机的历史及发展概况

单片机的发展历史可分为三个阶段：

第一阶段（1974 年—1978 年）：单芯片微机形成阶段。以 Intel 公司 1976 年推出的 MCS-48 系列单片机为代表。

第二阶段（1978 年—1982 年）：高性能单片机阶段。这类单片机的典型代表是：Intel 公司的 MCS-51 系列、Motorola 公司的 6805 等。

第三阶段（1982 年至今）：8 位单片机巩固发展及 16 位单片机、32 位单片机、64 位单片机推出阶段。

3. 单片机的特点

（1）面向控制，能针对性地解决从简单到复杂的各类控制任务，以获得最佳的性能价格比。

（2）抗干扰能力强，适应温度范围宽，能在各种恶劣的环境下可靠性地工作。

（3）能方便地实现多机和分布式控制，从而使整个控制系统的效率和可靠性大大提高。

（4）体积小、功耗低、成本低、控制功能强、易于产品化，能方便地组成各种智能化的控制设备和仪器，并做到机、电、仪一体化。

1.1.2　单片机应用

由于单片机有许多优点，因此其应用领域之广，几乎到了无孔不入的地步。单片机应用的主要领域有：

（1）智能化家用电器：各种家用电器普遍采用单片机智能化控制代替传统的电子线路控制，升级换代，提高档次。如洗衣机、空调、电视机、录像机、微波炉、电冰箱、电饭煲以及各种视听设备等。

（2）办公自动化设备：现代办公室使用的大量通信和办公设备多数嵌入了单片机。如打印机、复印机、传真机、绘图机、考勤机、电话以及通用计算机中的键盘译码、磁盘驱动等。

（3）商业营销设备：在商业营销系统中已广泛使用的电子秤、收款机、条形码阅读器、IC 卡刷卡机、出租车计价器以及仓储安全监测系统、商场保安系统、空气调节系统、冷冻保险系统等都采用了单片机控制。

（4）工业自动化控制：工业自动化控制是最早采用单片机控制的领域之一。如各种测控系统、过程控制、机电一体化、PLC 等。在化工、建筑、冶金等各种工业领域都要用到单片机控制。

（5）智能化仪表：采用单片机的智能化仪表大大提升了仪表的档次，强化了功能。如数据处理和存储、故障诊断、联网集控等。

（6）智能化通信产品：最突出的是手机，当然手机内的芯片属专用型单片机。

（7）汽车电子产品：现代汽车的集中显示系统、动力监测控制系统、自动驾驶系统、通信系统和运行监视器（黑匣子）等都离不开单片机。

（8）航空航天系统和国防军事、尖端武器等领域：单片机的应用更是不言而喻。

单片机应用（图 1-2）的意义不仅在于它的广阔范围及所带来的经济效益。更重要的意义在于,单片机的应用从根本上改变了控制系统传统的设计思想和设计方法。以前采用硬件电路实现的大部分控制功能,正在用单片机通过软件方法来实现。以前自动控制中的PID调节,现在可以用单片机实现具有智能化的数字计算控制、模糊控制和自适应控制。这种以软件取代硬件并能提高系统性能的控制技术称为微控技术。随着单片机应用的推广,微控制技术将不断发展完善。

图 1-2　单片机应用

1.2　51 系列单片机

51 系列单片机概述:

单片机以其价格低廉、功能强大、体积小、性能稳定等优点,深受广大电子设计爱好者喜爱。目前,各类产品中都能看到单片机的身影,如门铃、报警器、玩具,以及各类数据采集系统和控制终端等。单片机是现代电子设计中使用最广泛的电子元件。而其中的 51 系列单片机是最早兴起的一类。51 系列单片机功能完备、指令系统丰富,发展的最为成熟。

1.2.1　51 系列单片机介绍

1. 51 系列单片机简介

目前 8 位单片机仍然是电子设计领域最为广泛使用的产品,这里详细介绍使用最多的51 系列 8 位单片机。

51 系列单片机是指 Intel 的 MCS-51 系列以及和其具有兼容内核的单片机。MCS-51系列单片机是最早、最基本的单片机,功能也最简单。Intel 公司生产的 MCS-51 系列单片机包括 8031、8051、8032、8052、8751、8752 等。

现在集成电路的飞速发展,各大芯片厂商提供了很多与其兼容的单片机。比如 Atmel 公司的 AT89C 系列、AT89S 系列,Silicon Laboratories 公司的 C8051F 系列,还有 Philips 公司的 8XC552 系列等。这些单片机采用兼容的 MCS-51 的结构和指令系统,只是对其功能和内部资源等方面进行了不同程度的扩展。

2. 51 系列单片机的应用领域

51 系列单片机以其高性能、高速度、体积小、价格低廉、可重复编程和方便功能扩展等优点,在市场上得到广泛的应用。其主要应用于以下几个领域。

家电产品及玩具。由于 51 系列单片机价格低、体积小、控制能力强、功能扩展方便等优点,使其广泛应用于电视、冰箱、洗衣机、玩具、家用防盗报警器等方面。

机电一体化设备。机电一体化设备是指将机械技术、微电子技术和计算机技术结合在一起,从而产生具有智能化特性的产品,它是现代机械及电子工业的主要发展方向。单片机可以作为机电一体化产品的控制器,从而简化原机械产品的结构,扩展其功能。

智能测量设备。以前的测量仪表体积大、功能单一,限制了测量仪表的发展。采用单片机改造各种测量控制仪表,可以使其体积减小、功能扩展,从而产生新一代的智能化仪表,如各种数字万用表、示波器等。

自动测控系统。采用单片机可以设计各种数据采集系统、自适应控制系统等。例如温度的自动控制、电压电流的数据采集。

计算机控制及通信技术。51 系列单片机都集成有串行通信接口,可以通过该接口和计算机的串行接口进行通信,实现计算机的程序控制和通信等。

3. 最新 51 内核单片机介绍

自世界上第一片单片机诞生以来,51 系列单片机不断推陈出新,目前已有几十个系列、上百种型号。这些新产品都基于 51 内核,各个型号基本都兼容。以下是一些典型的 51 系列单片机。

美国 Intel 公司的 MCS-48 系列、MCS-51 系列、MCS-96 系列单片机;

美国 Atmel 公司的 AT89 系列单片机;

美国 Motorola 公司的 6801、6802、6803、6805 和 68HC11 系列单片机;

美国 Zilog 公司的 Z8、Super8 系列单片机;

美国 Fairchild 公司的 F8 和 3870 系列单片机;

美国 TI 公司的 TMS7000 系列单片机;

美国 NS 公司的 NS8070 系列单片机;

日本 NEC 公司的 μPD7800 系列单片机;

日本 Hitachi 公司的 HD6301、HD6305 系列单片机。

1.2.2 单片机厂家介绍

1. Atmel 单片机介绍

Atmel 公司的产品非常丰富,除了基本的 51 系列单片机外,还包括针对不同设计领域的专用 51 内核单片机。Atmel 公司的 51 内核单片机有以下几类。

（1）单周期 8051 内核单片机。这类单片机具有单周期 8051 内核，Flash ISP 在系统编程调试，片内集成了 SPI、UART、模拟比较器、PWM 以及内部 RC 振荡器等资源。主要有 AT89LP213、AT89LP214、AT89LP216、AT89LP2052、AT89LP4052 等。

（2）Flash ISP 在系统编程单片机。这类单片机主要特点是内部集成 Flash，可以实现 ISP 在系统编程，使用方便。包括 AT89C5115、AT89C51AC2、AT89C51AC3、AT89C51ED2、AT89C51IC2、AT89C51ID2、AT89C51RB2、AT89C51RC2、AT89C51RD2、AT89C51RE2、AT89LS51、AT89LS52、AT89S2051、AT89S4051、AT89S51、AT89S52、AT89S8253 等。

（3）USB 接口单片机。这类单片机片内集成 USB 接口，基于 C51 微处理器，另外还具备 TWI、SPI、UART、PCA、ADC 等资源。包括 AT83C5134、AT83C5135、AT83C5136、AT89C5130A-M、AT89C5131A-L、AT89C5131A-M、AT89C5132 等。

（4）智能卡接口单片机。这类单片机基于 C51 微处理器，带有串行接口和智能卡接口、DC/DC 转换，以及 EEPROM 等资源。包括 AT83C5121、T83C5121、AT83C5122、AT83C5123、AT83C5127、AT83EC5123、AT85C5121、T85C5121、AT85C5122、AT85EC5122、AT89C5121、T89C5121 等。

（5）MP3 专用单片机。这类单片机基于 C51 内核，具备 USB、多媒体卡接口、ADC、DAC、TWI、UART、SPI，MP3、WMA、JPEG 以及 MPEG 的编解码电路等。包括 AT85C51SND3、AT89C51SND2C、AT83SND2C、AT89C51SND1C、AT83SND1C、AT80C51SND1C 等。

2. Cypress 单片机介绍

Cypress 公司的 51 内核单片机主要集中在 USB 接口上，有如下几类：

（1）USB 嵌入式主机。包括 CY7C67200、CY7C67300、SL811HST 等。

（2）USB 全速设备。包括 AN21xx 系列，CY7C64013C、CY7C64215、CY7C6431x 系列，CY7C64345、CY7C6435x 系列，CY7C64713 等。

（3）USB 高速设备。包括 CY7C68001、CY7C68013A、CY7C68014A、CY7C68015A、CY7C68016A、CY7C68023、CY7C68024、CY7C68033、CY7C68034 等。

（4）USB 低速设备。包括 CY7C630xx、CY7C631xx、CY7C632xx、CY7C633xx、CY7C63413C、CY7C63513C、CY7C63613C、CY7C637xx、CY7C638xx 等。

3. Infineon 单片机介绍

Infineon 公司的产品包括标准的 8051 内核以及符合工业标准的 8051 单片机。主要有如下几类：

（1）XC800 系列单片机。新型高级 XC800 家族 8 位微控制器采用高性能 8051 内核、片上集成闪存和 ROM 存储器以及功能强大的外设组，如增强型 CAPCOM6（CC6）、CAN、LIN 和 10 位 ADC，具有多种产品型号可供选择。如 XC886/888CLM、XC886/888LM、XC866 等。

（2）C500/C800 系列单片机。这类单片机是基于工业标准 8051 架构的微处理器，具有 CAN、SPI 等资源。包括 C515C、C505CA、C868 等。

4. Silicon 单片机介绍

Silicon Laboratories 公司的 C8051F 系列单片机,集成了世界一流的模拟功能、Flash 以及基于 JTAG 的调试功能。另外还具有可配置的高性能模拟、高达 100 MIPS 的 8051 CPU 以及系统内现场可编程性。这些特性为用户提供了充分的设计灵活性以及卓越的系统性能。C8051F 系列单片机主要有如下几类:

(1) USB 混合信号微处理器。这类微处理器内部集成了 USB 接口,以及 ADC、DAC、温度传感器、SMbus、UART 等资源。

(2) 精密混合信号微处理器。这类微处理器内部集成了 Flash、ADC、DAC、温度传感器、SMbus、UART、比较器、VREF 等资源。

(3) CAN 总线接口混合信号微处理器。这类微处理器内部集成了 CAN 总线接口、Flash、ADC、DAC、温度传感器、SMbus、UART、比较器、VREF 等资源。

(4) 小型化微处理器。这类微处理器将高速 8051 CPU、闪存及高性能模拟电路集成到一个超小微型导线框封装(MLP)中,可以让系统设计者在提高系统性能的同时,减少元件数量和整体尺寸。

5. Maxim 单片机介绍

Maxim 公司的产品线很丰富,其推出的 8051 兼容微控制器在保持指令集、目标代码与早期 8051 设计兼容的同时,使性能指标提高 33 倍。主要有如下几类:

(1) 高速微处理器。这类微处理器具有闪存、EPROM、ROM 等,每机器周期使用一个时钟,速度是标准 8051 的 33 倍。包括 DS89C450、DS89C430、DS87C530、DS87C520、DS83C530、DS83C520、DS80CH11、DS80C323、DS80C320、DS80C310 等。

(2) 安全微控制器。这是具有防篡改能力的微控制器,其能够对程序和数据存储器进行加密,以防未经授权的系统介入。系统的电池备份架构一旦检测到篡改事件将立即"清零"内部 SRAM,并且 DES/3DES 加密技术可以防止外部总线窃听。包括 DS5250、DS5000T、DS5000、DS2250T、DS2250、DS5002FP、DS2252T、DS907X、DS5001FP、DS5000FP、DS2251T 等。

(3) 网络微控制器。Maxim 的微型互联网接口(TINI)网络微控制器能够为嵌入式系统增添网络功能,适用于以太网或各种低级网络系统。片内集成具有 IPv4/IPv6 的 TCP/IP 网络栈,以及 10/100 以太网 MAC,符合 IEEE® 802.3 MII 标准。包括 DS80C411、DS80C410、DS80C400、DS80C390 等。

6. NXP 单片机介绍

NXP 半导体公司的前身是 Philips 公司,其推出了多种单片机微控制器。主要有如下几类:

(1) LPC7000 系列。主要有 P87LPC760、P87LPC761、P87LPC762、P87LPC764、P87LPC767、P87LPC768、P87LPC769、P87LPC778、P87LPC779 等。

(2) LPC9000 系列。这是一种增强型多用途 Flash 单片机。主要有 P89LPC9401、P89LPC9402、P89LPC9403、P89LPC9408、P89LPC9102、P89LPC9103、P89LPC9107、

P89LPC912、P89LPC913、P89LPC914、P89LPC915 以及 P89LPC92x 系列、P89LPC93x 系列等。

（3）80C51 系列。包括 P87C5xX2、P87CL5xX2、P89C5xX2、P89C66x、P8xC591、P87C552、P87C5x、P89C5xBx、P87C51Rx 等。

7. Winbond 单片机介绍

Winbond 系列单片机是中国台湾的华邦电子推出的,其产品线丰富。主要有如下几类:

（1）标准 51 单片机。这类单片机具有高达 40 MHz 的工作频率,包含多个定时/计数器以及在系统编程等特性。包括 W78C32、W78E51B、W78E52B、W78E54B、W78E58B、W78E516、W78E858、W78C51D、W78C52D、W78C54、W78C801、W78C438C、W78C58 等。

（2）宽电压单片机。这类单片机工作电压可以低至 2.4 V 以及 1.8 V,非常适合于电池供电的手持式设备。包括 W78L32、W78L51、W78L52、W78L54、W78L801、W78LE51、W78LE52、W78LE54、W78LE58、W78LE516、W78LE812 等。

（3）增强 C51 单片机。这类单片机工作电压可以低至 2.7 V,具有高达 40 MHz 的工作频率、多个定时/计数器、12 个中断源、内置 SRAM,以及双 UART 等资源。主要包括 W77C32、W77L32、W77E58、W77LE58 等。

（4）工业温度级单片机。这类单片机具有符合工业应用的温度范围以及低至 2.4 V 的工作电压。包括 W78IE52、W78IE54、W77IC32、W77IE58 等。

8. Analog Devices 单片机介绍

美国 ADI 公司(Analog Device Inc)生产各种高性能的模拟器件,其推出的 8051 内核的 ADuC800 系列单片机集成了多种精密模拟资源,包括多通道的高分辨率模数转换器 ADC 和数模转换器 DAC、基准电压源和温度传感器等。

ADuC800 系列单片机具有符合工业标准的 8052 MCU 内核,包括 ADuC812、ADuC814、ADuC816、ADuC824、ADuC831、ADuC832、ADuC834、ADuC836、ADuC841、ADuC842、ADuC843、ADuC845、ADuC847、ADuC848 等。

9. TI 单片机介绍

美国德州仪器(TI) 提供两类具有嵌入式 8051/8052 微控制器的产品系列。其中 MicroSystems(MSC) 产品系列包括嵌入式数据获取解决方案。TUSB 产品系列包括 USB 嵌入式连接解决方案。

MicroSystems 系列单片机。这类单片机是完全集成混合信号器件。该系列的产品包括整合了以下组件的 8051 CPU:高精度 delta 型 ADC、高精度 DAC、8 通道复用器、烧坏检测、可选缓冲输入、失调 DAC(数模转换器)、可编程增益放大器(PGA)、温度传感器、精密电压参考、闪速程序存储器、闪速数据存储器和数据 SRAM。该产品系列的器件都是引脚兼容的,大大简化了器件迁移过程。包括 MSC1200、MSC1201、MSC1202、MSC1210、MSC1211、MSC1212、MSC1213、MSC1214 等。

USB 接口系列单片机。这类微控制器系列使用标准的 805x 微控制器并将各种外围接口集成到一起,以满足各种 USB 外设需求。所有这些产品都遵从 USB 2.0 规范。其中 TUSB3xxx 器件是 USB 全速适配外围设备。TUSB2136 和 TUSB5052 是将 8052 微控制器和全速 USB 集线器集成到一起的组合 USB 设备。TUSB6xxx 产品是 USB 2.0 高速适配设备。

10. 其他单片机介绍

除了上述的几家半导体公司的单片机外,还有很多其他的半导体厂商也提供了多种型号的 51 内核单片机。例如美国的 Freescale、Motorola、Microchip 等,日本的 NEC、Hitachi、Renesas 等。这些厂商的单片机同样具有不错的性能。

另外,近些年国内的半导体厂商异军突起,也提供了很多有特色的单片机。例如上海普芯达电子有限公司的 CW89F 系列单片机。

上海普芯达电子有限公司总部位于上海张江高科技园区。该公司提供多种半导体器件,包括单片机、电源管理器件、系统监管器件、通信接口器件、信号调理器件、功率驱动器件、数字逻辑器件、存储器、专用标准器件和系统级封装芯片等。其推出的单片机型号有如下两类。

(1) CW89F 系列单片机。

(2) CW89FE 系列单片机。

1.3 STC 单片机

STC 是全球最大的 8051 单片机设计公司,STC 是 SysTem Chip(系统芯片)的缩写,因性能出众,领导着行业的发展方向,被用户评为 8051 单片机全球第一品牌。

STC 单片机是以 51 内核为主的系列单片机,STC 单片机是宏晶生产的单时钟/机器周期的单片机,是高速、低功耗、超强抗干扰的新一代 8051 单片机,指令代码完全兼容传统 8051,但速度快 8~12 倍,内部集成 MAX810 专用复位电路。4 路 PWM 8 路高速 10 位 A、D 转换,针对电动机控制,强干扰场合。STC 单片机外形如图 1-3 所示。

图 1-3　STC 单片机外形

1.3.1　STC 单片机的选型

STC 单片机选型如表 1-1 所示。

表 1-1　STC90 系列单片机

型号	工作电压/V	Flash 程序存储器/B	SRAM/B	定时器	UART 异步串口	A/D	I/O数量	EEPRO/B
STC90C54RD+	3.3～5.5	16 K	1280	3	1 个	无	39	45 K
STC90C58RD+	3.3～5.5	32 K	1 280	3	1 个	无	39	29 K
STC90C510RD+	3.3～5.5	40 K	1 280	3	1 个	无	39	21 K
STC90C512RD+	3.3～5.5	48 K	1 280	3	1 个	无	39	13 K
STC90C514RD+	3.3～5.5	56 K	1 280	3	1 个	无	39	5 K
STC90C516RD+	3.3～5.5	61 K	1 280	3	1 个	无	39	无
STC90LE54RD+	2.0～3.6	16 K	1 280	3	1 个	无	39	45 K
STC90LE58RD+	2.0～3.6	32 K	1 280	3	1 个	无	39	29 K
STC90LE10RD+	2.0～3.6	40 K	1 280	3	1 个	无	39	21 K
STC90LE12RD+	2.0～3.6	48 K	1 280	3	1 个	无	39	13 K
STC90LE14RD+	2.0～3.6	56 K	1 280	3	1 个	无	39	5 K
STC90LE16RD+	2.0～3.6	61 K	1 280	3	1 个	无	39	无

1.3.2　STC 单片机主要性能

（1）高速：1 个时钟/机器周期，增强型 8051 内核，速度比普通 8051 快 8～12 倍。

（2）宽电压：3.8～5.5 V，2.4～3.8 V（STC12LE5410AD 系列）。

（3）低功耗设计：空闲模式，掉电模式（可由外部中断唤醒）。

（4）工作频率：0～35 MHz，相当于普通 8051：0～420 MHz，实际可到 48 MHz，相当于 8051：0～576 MHz。

（5）时钟：外部晶体或内部 RC 振荡器可选，在 ISP 下载编程用户程序时设置。

12 KB/10 KB/8 KB/6 KB/4 KB/2 KB 片内 Flash 程序存储器，擦写次数 10 万次以上 512 B 片内 RAM 数据存储器。

（6）芯片内 EEPROM 功能。

（7）ISP/IAP，在系统可编程/在应用可编程，无须编程器/仿真器。

（8）10 位 ADC，8 通道，STC12C2052AD 系列为 8 位 ADC。4 路 PWM 还可当 4 路 D/A 使用。

（9）4 通道捕获/比较单元（PWM/PCA/CCU），STC12C2052AD 系列为 2 通道，也可用来再实现 4 个定时器或 4 个外部中断（支持上升沿/下降沿中断）。

（10）2 个硬件 16 位定时器,兼容普通 8051 的定时器。4 路 PCA 还可再实现 4 个定时器。

（11）硬件"看门狗"（WDT）。

（12）高速 SPI 通信端口。

（13）全双工异步串行口（UART）,兼容普通 8051 的串口。先进的指令集结构,兼容普通 8051 指令集。4 组 8 个 8 位通用工作寄存器（共 32 个通用寄存器）。有硬件乘法/除法指令。

通用 I/O 口（27/23/15 个）,复位后为:准双向口/弱上拉（普通 8051 传统 I/O 口）。

可设置成四种模式:准双向口/弱上拉,推挽/强上拉,仅为输入/高阻,开漏每个 I/O 口驱动能力均可达到 20 mA,但整个芯片最大不得超过 55 mA。

1.3.3　STC 单片机特点

（1）I/O 口经过特殊处理。

（2）轻松过 2 kV/4 kV 快速脉冲干扰（EFT 测试）。

（3）宽电压,不怕电源抖动。

（4）宽温度范围,-40～85 ℃。

（5）高抗静电（ESD 保护）。

（6）单片机内部的时钟电路经过特殊处理。

（7）单片机内部的电源供电系统经过特殊处理。

（8）单片机内部的"看门狗"电路经过特殊处理。

（9）单片机内部的复位电路经过特殊处理。

1.3.4　STC 单片机按封装分类

LQFP64L（16 mm×16 mm）

LQFP64S（12 mm×12 mm）

QFN64（9 mm×9 mm）

LQFP48（9 mm×9 mm）

QFN48（7 mm×7 mm）

LQFP44（12 mm×12 mm）

PDIP40

LQFP32（9 mm×9 mm）

QFN32（5 mm×5 mm）

SOP28

TSSOP28（6.4 mm×9.7 mm）

QFN28（5 mm×5 mm）

SKDIP28

SOP20

DIP20

TSSOP20(6.5 mm×6.5 mm)

SOP16(6 mm×9.9 mm)

DIP16

SOP8

DIP8

DFN8(4 mm×4 mm)

1.3.5 STC89C51 单片机简介

STC89C51 单片机引脚如图 1-4 所示。

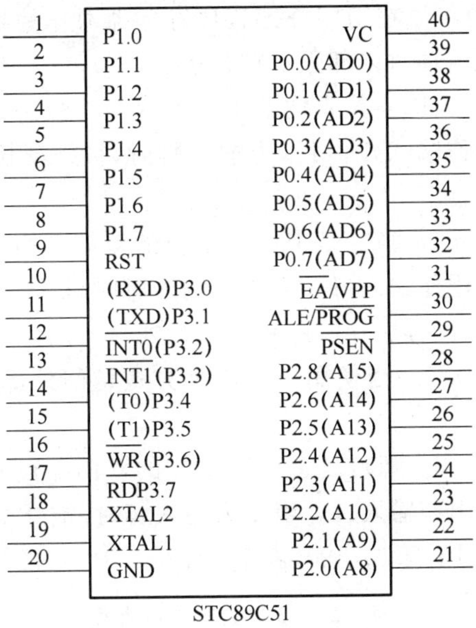

1	P1.0	VC	40
2	P1.1	P0.0(AD0)	39
3	P1.2	P0.1(AD1)	38
4	P1.3	P0.2(AD2)	37
5	P1.4	P0.3(AD3)	36
6	P1.5	P0.4(AD4)	35
7	P1.6	P0.5(AD5)	34
8	P1.7	P0.6(AD6)	33
9	RST	P0.7(AD7)	32
10	(RXD)P3.0	$\overline{\text{EA}}$/VPP	31
11	(TXD)P3.1	ALE/$\overline{\text{PROG}}$	30
12	$\overline{\text{INT0}}$(P3.2)	$\overline{\text{PSEN}}$	29
13	$\overline{\text{INT1}}$(P3.3)	P2.8(A15)	28
14	(T0)P3.4	P2.6(A14)	27
15	(T1)P3.5	P2.5(A13)	26
16	$\overline{\text{WR}}$(P3.6)	P2.4(A12)	25
17	RDP3.7	P2.3(A11)	24
18	XTAL2	P2.2(A10)	23
19	XTAL1	P2.1(A9)	22
20	GND	P2.0(A8)	21

STC89C51

图 1-4 STC89C51 单片机引脚

1. 电源引脚

VSS(20 脚):接地,0V 参考点。

VCC(40 脚):电源,提供掉电、空闲、正常工作,外接晶体引脚。

2. 外接晶体引脚

XTAL1(19 脚):接外部晶体的一端,振荡反向放大器的输入端和内部时钟电路输入端。

XTAL2(18 脚):接外部晶体的另一端,振荡反向放大器的输出端。

3. 控制信号或与其他电源复用引脚

控制信号或与其他电源复用引脚有 RST/VPD、ALE/$\overline{\text{PROG}}$、$\overline{\text{PSEN}}$和 $\overline{\text{EA}}$/VPP 4 种形式。

(1) RST(9 脚):复位端。当晶体在运行时,只要此引脚上出现 2 个机器周期高电平即可复位,内部有扩散电阻连接到 VSS,仅需要外接一个电容到 VCC 即可实现上电复位。

(2) ALE(30脚):地址锁存使能。在访问外部存储器时,输出脉冲锁存地址的低字节,在正常情况下,ALE输出信号恒定为1/6振荡频率。并可用作外部时钟或定时,注意每次访问外部数据时,一个ALE脉冲将被忽略。

(3) PSEN(29脚):程序存储使能。读外部程序存储。当从外部读取程序时,PSEN每个机器周期被激活两次,在访问外部数据存储器时PSEN无效,访问内部程序存储器时PSEN无效。

(4) EA/VPP(31脚):外部寻址使能/编程电压。在访问整个外部程序存储器时,EA必须外部置低。如果EA为高时,将执行内部程序。当RST释放后EA脚的值被锁存,任何时序的改变都将无效。该引脚在对FLASH编程时用于输入编程电压(VPP)。

4. 输入/输出引脚

P0口(P0.0～P0.7,32～39脚):是双向8位三态I/O口。可向其写入1使其状态为悬浮,用作高阻输入。P0也可以在访问外部程序存储器时作地址的低字节,在访问外部数据存储器时作数据总线,此时通过内部强上拉传送1。

P1口(P1.0～P1.7,1～8脚):是带内部上拉的双向I/O。向P1口写入1时,P1口被内部上拉为高电平,可用作输入口;当作为输入脚时,被外部拉低的P1口会因为内部上拉而输出电流。

P2口(P2.0～P2.7,21～28脚):是带内部上拉的双向I/O口。向P2口写入1时,P2口被内部上拉为高电平,可用作输入口。当作为输入脚时,被外部拉低的P2口会因为内部上拉而输出电流。在访问外部程序存储器和外部数据时分别作为地址高位字节和16位地址,此时通过内部强上拉传送1。当使用8位寻址方式访问外部数据存储器时,P2口发送P2特殊功能寄存器的内容。

P3口(P3.0～P3.7,10～17脚):是带内部上拉的双向I/O。向P3口写入1时,P3口被内部上拉为高电平,可用作输入口。当作为输入脚时,被外部拉低的P3口会因为内部上拉而输出电流。P3口脚具有第二功能,表1-2介绍了P3口的第二功能。

表1-2 P3口的第二功能表

口线	第二功能	类型	名称
P3.0	RxD	I	串行输入口
P3.1	TxD	O	串行输出口
P3.2	INT0	I	外部中断0
P3.3	INT1	I	外部中断1
P3.4	T0	I	定时器0外部输入
P3.5	T1	I	定时器1外部输入
P3.6	WR	O	外部数据存储器写信号
P3.7	RD		外部数据存储器读信号

第 2 章 开发系统及应用

单片机的开发包括硬件和软件两大部分,两者相互依赖、缺一不可。硬件是基础,软件是在硬件的基础上,对其资源进行合理的调配和使用,控制其完成设定的运算或动作,从而实现系统所要求的任务。单片机开发人员必须从这两个角度深入了解单片机,才能开发出具有特定功能的单片机应用系统。

2.1 硬件开发工具

单片机的硬件开发工具包括电子元件、焊接工具、测量工具、仿真器、通信线等。图 2-1 为常用工具及器件,包括杜邦线、面包板、指针式万用表、数字式万用表、斜口钳子、螺丝刀、镊子、导线、焊枪、焊锡丝、数码管、单片机、芯片座、发光二极管、电容、无极性晶体管、按钮、有极性电容、电阻、单排插针,如图 2-1 所示。

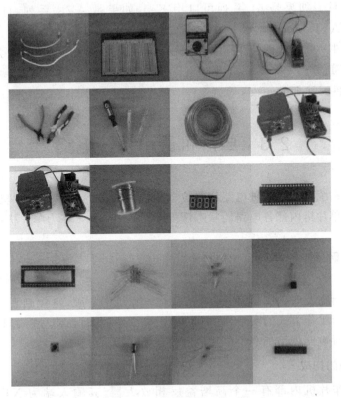

图 2-1 硬件开发工具

看看是否认识图 2-2 中的元件。

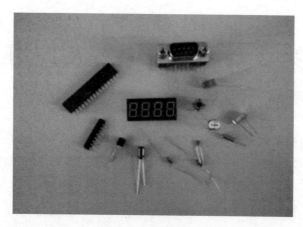

图 2-2　元器件图

2.2　软件开发工具

单片机的软件开发工具包括以下几类：

（1）电路设计软件。比如 Protel、Altilum Designer、Cadence 和 PowerPCB 等。

（2）编程软件。如果是 51 系列可以用 Keil，如果是 AVR 系列，可以用 ICCAVR、GCCAVR，或者 AVR Studio 等。

（3）烧录软件。烧录转件的采用要根据编程器或者 ISP 下载线的型号决定，常用的烧录软件有 STC-ISP 等。

（4）仿真软件。比如 Proteus 等。

2.3　单片机最小系统电路

单片机最小系统电路由时钟电路和复位电路组成。时钟电路为单片机提供基本时钟，复位电路用于将单片机内部各电路的状态恢复到初始值。图 2-3 为单片机最小系统电路。

2.3.1　时钟电路

单片机的运行需要时钟支持，时钟电路就是单片机的心脏，它控制着计算机的工作节奏。为了保证同步工作方式的实现，整个电路应该在唯一的时钟信号控制下工作，按照严格的时序工作。时钟电路就用于产生单片机所需要的时钟信号。

1. 时钟电路的构成

在 MCS-51 单片机内部有一个高增益反相放大器，其输入端为 XTAL1，输出端为 XTAL2。而在芯片外部，XTAL1 和 XTAL2 之间跨接晶体振荡器和微调电容，从而构成一个稳定的自己振荡器,这就是单片机的时钟电路。

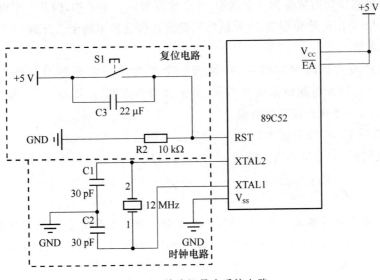

图 2-3　单片机最小系统电路

2. 时序

MCS-51 单片机时序单片共有四个,从小到大依次是:节拍、状态、机器周期和指令周期。振荡电路产生的振荡脉冲并不直接使用,而是经过分频后再使用,如图 2-4 所示。

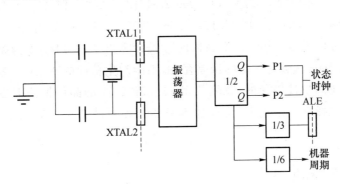

图 2-4　振荡电路的分频电路

（1）节拍和状态

把振荡脉冲的周期定义为节拍(用 P 表示)。振荡脉冲经过二分频后,就是单片机的时钟信号,把时钟信号的周期定义为状态(用 S 表示)。这样一个状态包含两个节拍,前半个周期对应的节拍称为节拍 1(用 P1 表示),后半个周期对应的节拍称为节拍 2(用 P2 表示),如图 2-5 所示。

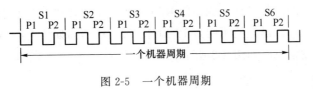

图 2-5　一个机器周期

（2）机器周期

规定一个机器周期的宽度为 6 个状态，一个状态对应 2 个节拍，因此一个机器周期共有 12 个节拍，即 12 个振荡脉冲周期，因此机器周期就是振荡频率的十二分频。

（3）指令周期

指令周期是最大的时序定时单位，执行一个条指令所需要的时间称为指令周期。MCS-51 单片机的指令周期根据指令不同，可包含为单周期、双周期、三或四个机器周期。指令周期数越小，指令执行速度就越快。

例如：当选择 12 MHz 晶振的时候，一个机器周期是 $12 \times (1/12 \text{ MHz}) = 1 \ \mu s$。当选择 6 MHz 晶振的时候，一个机器周期就是 $12 \times (1/6 \text{ MHz}) = 2 \ \mu s$。

小知识

标准的 51 单片机晶振是 1.2～12 M，一般由于一个机器周期是 12 个时钟周期，所以当晶振频率选择 12 M 时，一个机器周期是 $1 \mu s$，好计算，而且速度相对是最高的（当然现在也有更高频率的单片机）。

11.059 2 M 是因为在进行通信时，12 M 频率进行串行通信不容易实现标准的波特率，例如，9 600 波特率和 4 800 波特率，而 11.059 2 M 计算时正好可以得到，因此在有通信接口的单片机中，一般选 11.059 2 M 的晶振。如果要得到 9 600 的波特率，晶振为 11.059 2 M 和 12 M，定时器 1 方式 2，SMOD 设为 1，分别代入公式：

11.059 2 M：$9 \ 600 = (2 \div 32) \times [(11.059 \ 2 \text{ M}/12)/(256 - TH1)]$，$TH1 = 250$

12 M：$9 \ 600 = (2 \div 32) \times [(12 \text{ M}/12)/(256 - TH1)]$，$TH1 \approx 249.49$

上面的计算可以看出使用 12 M 晶振的时候计算出来的 TH1 不为整数，而 TH1 的值只能取整数，这样它就会有一定的误差存在，不能产生精确的 9 600 波特率。当然一定的误差是可以在使用中被接受的，就算使用 11.059 2 M 的晶体振荡器也会因晶体本身所存在的误差使波特率产生误差，但晶体本身的误差对波特率的影响是十分小的，可以忽略不计。

2.3.2 复位电路

单片机复位电路就好比计算机的重启部分，当计算机在使用中出现死机，按下重启按钮使计算机内部的程序从头开始执行。单片机也一样，当单片机系统在运行中受到环境干扰出现程序跑飞的时候，按下复位按钮，内部的程序自动从头开始执行。

无论是在单片机刚开始接通电源，还是发生故障断电之后都需要复位，使 CPU 和系统其他功能都恢复到初始状态，从这个状态开始工作。

那么单片机复位的条件是什么呢？使 RST 引脚（51 单片机为第 9 引脚）持续两个机器周期以上的高电平。如果晶振使用的是 12 MHz，每个机器周期为 $1 \ \mu s$，则需要加上 $2 \ \mu s$ 以上时间的高电平。复位电路如图 2-3 所示。

任务 1 制作南瓜灯

1. 任务目的及要求

通过单片机点亮一个 LED 发光二极管。

熟悉什么是单片机,单片机的各个引脚功能,单片机的最小系统,单片机开发过程以及开发过程中所使用的软件及硬件。

设计要求:用单片机的 P1.0 引脚连接一个发光二极管,并点亮。

2. 电路设计及元件

电路如图 2-6 所示,包括复位电路、时钟电路,以及 P1 口的 0 号引脚控制一个发光二极管。

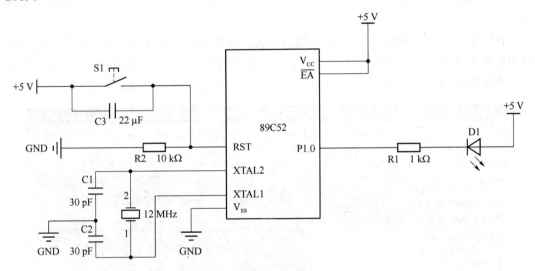

图 2-6 南瓜灯电路图

单片机的 31 引脚$\overline{EA}$,当 $\overline{EA}$ 接高电平的时候程序从内部程序存储器开始执行,当 $\overline{EA}$ 为低电平的时候,从外部程序存储器开始执行。随着技术的发展,单片机芯片内部的程序存储空间越来越大,用户程序一般都从内部程序存储器中开始,因此,$\overline{EA}$ 引脚应该接高电平。只有在使用内部没有程序存储器的 8031 芯片时,$\overline{EA}$ 引脚才接低电平,但这个芯片现在已经很少使用了。

3. 源程序

```
#include<reg51.h>
sbit P1_0 = P1^0;
void main()
{
    P1_0 = 0;
}
```

将程序编译、链接，生成可执行文件，项目名.hex。如果是项目第一次编译、链接，那么要在 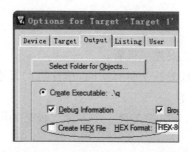 中设置，将 Output 标签下 Create HEX File HEX Format 选项勾选上，如图 2-7 所示，才能生成可执行文件。

图 2-7　生成二进制文件

打开 STC-ISP 软件，将所生成的可执行文件下载到单片机 STC89C52 的程序存储器中。

在使用 STC-ISP 软件时，要注意参数的配置。如图 2-8 所示，其中，单片机型号要与所使用的单片机型号一致，串口号要与计算机上所使用的串口一致，打开程序文件选择所生成的二进制文件，单击"下载/编程"，给单片机上电，等待进度条结束下载就完成了。

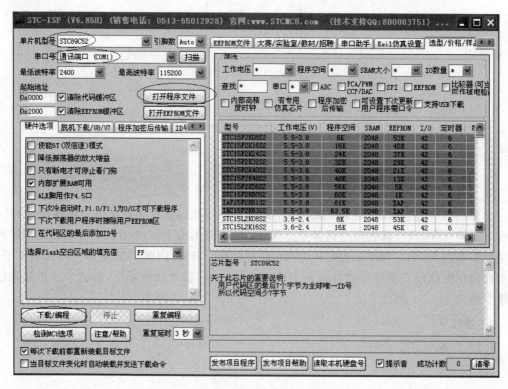

图 2-8　STC-ISP 界面

4. 程序运行测试

将已烧录好程序的单片机 STC89C52 安装到实验箱或所搭建的面包板上，接通电源，即可看到点亮了一个发光二极管。外面再安装上南瓜外壳,就是一盏漂亮的南瓜灯了。

5. 任务小结

通过本任务的学习,实现了点亮一个发光二极管最简单的单片机控制,使同学们能了解整个单片机设计从软件到硬件的操作流程。

6. 思考题

如果要点亮 8 个发光二极管应该如何设计电路并修改程序呢?

第3章 单片机并行I/O口及应用

3.1 单片机并行I/O口

单片机的内部资源主要有中断系统、定时器/计数器、并行口及串行口。单片机的大部分功能就是通过对这些资源的利用来实现的。

MCS-51 单片机有 4 个并行 I/O 口,分别用 P0、P1、P2、P3 表示。每个端口既可以按字节单独使用,也可以按位操作使用单个引脚,每个端口既可以作为一般的 I/O 使用,大多数端口又可以作为第二功能使用。

3.1.1 P0 口

P0 口的逻辑电路如图 3-1 所示。

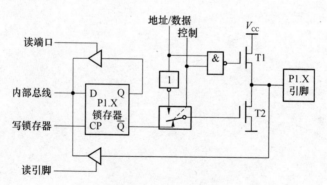

图 3-1 P0 口逻辑电路图

1. 输入功能

P0 口的输入功能可分为读引脚和读端口,读引脚是按位使用,读端口是按字节使用。读引脚时,必须先向电路中的锁存器写入"1",使输出级的场效应晶体管 T1、T2 截止,引脚处于悬浮状态而成为高阻抗输入,以避免锁存器为"0"状态时对引脚读入的干扰。

通常情况,如果要读单个引脚,也可以通过读端口实现。

例如,要读 P0 口 2 号引脚的状态,可以通过读端口,与一个十六进制数按位与,与掉不需要的引脚,剩下所需要的引脚。语句可以是:

$$P0 = P0 \& 0x04$$

2. 输出功能

当 P0 口进行输出时,由于 T1 截止,输出电路是漏极开路电路,必须接上拉电阻才能输出高电平。

上拉电阻是由 P0 口引脚连接电阻再接 V_{CC},对于驱动 TTL 集成电路,上拉电阻的阻值要用 $1\sim10$ kΩ 之间的,有时候电阻太大的话是拉不起来的,因此用的阻值较小。但是对于 CMOS 集成电路,上拉电阻的阻值就可以用的很大,一般不小于 20 kΩ,实际上对于 CMOS 电路,上拉电阻的阻值用 1 MΩ 的也是可以的,但是要注意上拉电阻的阻值太大的时候,容易产生干扰,尤其是线路板的线条很长的时候,这种干扰更严重,这种情况下上拉电阻不宜过大,一般要小于 100 kΩ,有时候甚至小于 10 kΩ。

3. 第二功能

P0 口可作为单片机的地址/数据线使用,对单片机系统进行扩展,称它为地址/数据分时复用引脚。

3.1.2　P1 口

P1 口的逻辑电路如图 3-2 所示,观察 P1 口和 P0 口的逻辑电路,可以看出:

① P1 口没有输出控制电路,没有多路开关 MUX 的控制;

② P1 口内部有上拉电阻,做输出口时不需上拉电阻。

P1 口作为输入使用时,与 P0 口一样,读引脚时需先向电路中的锁存器写入"1"。

P1 口只能做 I/O 口使用,无第二功能。

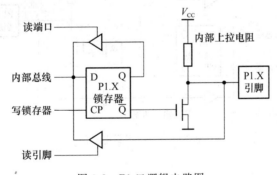

图 3-2　P1 口逻辑电路图

3.1.3　P2 口

P2 口电路比 P1 口多了一个多路开关 MUX,可以选择接入"地址",这就决定了 P2 口的第二功能,单片机扩展时,可以与 P0 口共同组成地址总线,P2 口为高 8 位,P0 口为低 8 位。P2 口的逻辑电路如图 3-3 所示。

P2 口作为输出端口使用时,与 P1 口一样,无须外接上拉电阻。

P2 口作为输入端口使用时,与 P0 口、P1 口一样,读引脚时,应先向锁存器写"1"。

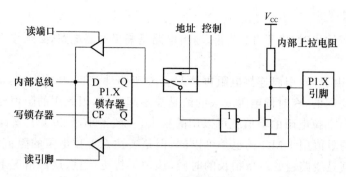

图 3-3　P2 口逻辑电路图

3.1.4　P3 口

P3 口是准双向口,可以作为通用 I/O 口使用,还可以作为第二功能端口使用,作为第二引脚使用是,不能同时当作 I/O 口使用,但其他端口仍可用作通用 I/O 口。P0 口的逻辑电路如图 3-4 所示。

当输出第二功能信号时,锁存器应置"1",实现第二功能信号的输出。当作为 I/O 口使用时,"第二输出功能"端应保持高电平,使锁存器与输出引脚畅通,形成数据输出功能。

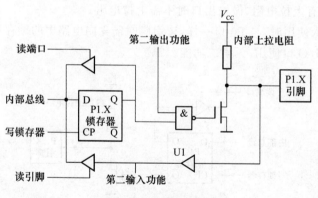

图 3-4　P3 口逻辑电路图

3.2　C 语言的基本数据类型

3.2.1　基本数据类型

单片机操作的对象,是具有一定格式的数字或数值。数据的不同格式就称为数据类型。数据按照一定的数据类型进行排列、组合就称为数据结构。

C 语言中的基本数据类型包括:字符型、无符号整形、有符号整形、无符号长整形、有符号长整形、浮点型。

数据类型、长度、值域如表 3-1 所示。

表 3-1　C 语言的数据类型

数据类型	长度/B	长度/bit	值域
unsigned char	1	8	0～255
char	1	8	−128～127
unsigned int	2	16	0～65 535
int	2	16	−32 768～2 768
unsigned long	4	32	0～$(2^{32}-1)$
long	4	32	-2^{31}～$(2^{31}-1)$
float	4	32	10^{-37}～10^{38}
double	8	64	10^{-307}～10^{308}
bit	/	1	0～1

因为变量在单片机的内存中是要占据空间的,变量大小不同,所占空间就不同,为了合理利用单片机内存空间,在编程时就要设定合适的数据类型,在设定一个变量之前,必须要给编译器声明这个变量的类型,以便让编译器提前从单片机内存中分配给这个变量合适的空间。

例如,要使用一个变量 i 计数,那么在使用之前首先要定义,确定变量类型,因为是计数,所以把 i 定义为整形,语句为:

　　int　i;

说明:MCS-51 单片机编程中,会用到其内部的特殊功能寄存器(SFR),就需要其他的变量类型及关键字。

1. 关键字 sfr

语法如下:

sfr 特殊功能寄存器名字 = 特殊功能寄存器地址;

例如:

sfr TMOD = 0X90;　　　／ * 定时器/计数器控制寄存器地址为 90H * /

sfr SCON = 0X92;　　　／ * 串口控制寄存器地址为 92H * /

2. SFR 中的位定义

对于单独访问 SFR 中的位,可以用 sbit 指令。

第 1 种情况:sbit 位名 = 特殊功能寄存器^位置

例如:

sbit　dula = P2^6;　　　／ * 命名 P2 口的第 6 位为 dula * /

sbit　wula = P2^7;　　　／ * 命名 P2 口的第 7 位为 wula * /

第 2 种情况:sbit 位名 = 字节地址^位置

例如:

sbit　OV = 0xA0^2;　　　／ * OV 的地址为 0xA2 * /

sbit　CY = 0xA0^7;　　　／ * OV 的地址为 0xA7 * /

第 3 种情况:sbit 位名 = 位地址;

例如:

sbit　OV = 0xA2;

sbit　CY = 0xA7;

3.2.2　运算符和表达式

C 语言中的运算符包括算数运算、关系运算、逻辑运算、位运算等,如表 3-2 所示。

表 3-2　C 语言运算符

算数运算符	＋、－、＊、/、％、＋＋、－－
关系运算符	>、>=、<、<=、==、! =
逻辑运算符	&&、‖、!
位运算	&、|、^、~、<<、>>

1. 算数运算符

算数运算符包括以下 7 种:

＋(加法)、－(减法)、＊(乘法)、/(除法)、％(取余)、＋＋(自增)、－－(自减)

(1) 加、减、乘、除运算符两侧的操作数可以是整数和实数。

(2) 取余运算符两侧必须为整形。

(3) ＋＋为自增运算符,－－为自减运算符。例如:

＋＋i,i＋＋,－－j,j－－

自增、自减运算符只能用于变量,而不能用于常量。

例如:＋＋5,－－8 都是错误的。

＋＋i 表示先加 1,再使用 i;i＋＋表示先使用 i,再加 1。

－－j 表示先减 1,再使用 j;j－－表示先使用 j,再减 1。

(4) 优先级和结合性

用算数运算符和括号将运算对象连接起来的式子就称为算数表达式。例如:(x＋y)＊8－(a＋b)/z。

其优先级为:先乘除和取余,再加减,括号最优先。结合性为:自左至右。

2. 关系运算符

关系运算符包括以下 6 种:

＜(小于)、＜＝(小于等于)、＞(大于)、＞＝(大于等于)、＝＝(等于)、! ＝(不等于)。

(1) 等于运算符要用双等号。

(2) 优先级和结合性。其中＜、＜＝、＞、＞＝优先级相同,是高优先级;＝＝、! ＝优先级相同,是低优先级。此外,关系运算符的优先级低于算数运算符的优先级。

(3) 用关系运算符将运算对象连接起来的式子称为关系表达式。例如:x＜y,(a＝5)＞(b＝2)。

关系表达式的值只有两种情况,关系表达式为真,逻辑值为 1;关系表达式为假,逻辑值为 0。

3. 逻辑运算符

逻辑运算符包括以下 3 种：

&&（与）、||（或）、!（非）。

（1）优先级和结合性

! > && > ||，非的优先级最高，且比算数运算符高，或的优先级最低，且低于算数运算符。

（2）用逻辑运算符将运算对象连接起来的式子称为逻辑表达式。例如：

a&&b||! c

逻辑表达式的值也只有两种情况，逻辑表达式为真，逻辑值为 1；逻辑表达式为假，逻辑值为 0。

4. 位运算

位运算符包括以下 6 种：

&（按位与）、|（按位或）、^（按位异或）、~（按位取反）、<<（位左移）、>>（位右移）。

（1）按位与运算符 &

运算规则：将参加运算的两个对象，先转化成二进制形式，再将两者相应的位相与，如果两位都为 1，则结果为 1，否则为 0。此运算常用于将某位清零。

（2）按位或运算符 |

运算规则：将参加运算的两个对象，先转化成二进制形式，再将两者相应的位相或，如果两位有一位为 1，则结果为 1，否则为 0。此运算常用于将某位置 1。

（3）按位异或运算符 ^

运算规则：将参加运算的两个对象，先转化成二进制形式，再将两者相应的位相异或，如果两位值相同，则结果为 0，若两位值相反，则结果为 1。

（4）按位取反运算符 ~

运算规则：将参加运算的两个对象，先转化成二进制形式，再按位取反，即 0 变 1，1 变 0。

（5）位左移运算符 << 和位右移运算符 >>

运算规则：先将运算对象转化成二进制形式，再将各二进制位全部左移或右移，移位后空白位补 0，而溢出位舍弃。

下面举一个用移位运算符实现循环移位的例子。

若 a=11000111，将 a 值右循环 3 位。

将 a 循环右移 3 位，就是把 a 的低 3 位放到 a 的高 3 位。思路就是把 a 的低 3 位和高 5 位分别保存到 b 和 c 两个变量中，然后将 b 和 c 两个变量相或。程序如下：

```
void main()
{
        char a = 0xc7,b,c;
        int n = 2;
        b = a<<(8 - n);
        c = a>>n;
        a = b|c;
```

}

结果：循环右移后 a＝11111000

（6）位运算符的操作对象只能是整形和字符型数据，而不能是实型数据。对于二进制来说，左移 1 位相当于乘以 2，右移 1 位相当于除以 2。

（7）在单片机控制中，位操作方式使用比较频繁。在实际控制中，以 I/O 口为例，常常想要改变 I/O 中的某一位的值，而不改变其他位的值，比如点亮报警灯，使 A/D 转换开始工作，启动一部电动机等。

任务 2　流水灯控制

1. 任务目的及要求

通过单片机控制，依次点亮 8 个 LED 发光二极管。

了解 C 语言的数据类型、常量与变量、运算符和表达式以及循环语句。

2. 电路设计及元件

设计要求：用单片机的 P1 端口控制 8 个发光二极管依次循环点亮。首先点亮 P1.0 引脚的发光二极管，延时一定的时间然后熄灭，再点亮 P1.1 引脚的发光二极管，延时一定的时间然后熄灭，依此类推一直到 P1.7 引脚，再从头开始，一直循环，产生一个动态显示的流水灯效果。

电路设计如图 3-5 所示，其中与发光二极管串联的 1 kΩ 电阻为限流电阻。

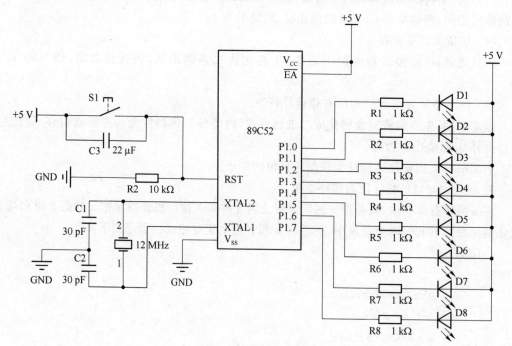

图 3-5　流水灯电路图

3. 源程序

```
#include<reg51.h>
#include<intrins.h>
void delay(unsigned int i)        //延时函数
{
    unsigned int k;
    for(k = 0;k<i;k + +);
}
void main()
{
    P1 = 0xfe;
    while(1)
    {
        P1 = _cror_(P1,1);    //循环右移
        delay(10000);
    }
}
```

观察图 3-5 电路,可得知 8 个发光二极管为共阳极,因此端口输出低电平 0 才能点亮发光二极管,_cror_为循环右移函数,P1 口初值赋一个十六进制的 0xfe,转换成二进制就是 11111110,这就点亮了 P1.0 引脚的发光二极管,延时一段时间,执行一次_cror_()循环右移函数,P1 端口变为 11111101,点亮 P1.1 引脚发光二极管并熄灭 P1.0 引脚发光二极管,依此类推,P1 端口的值分别为 11111110、11111101、11111011、11110111、11101111、11011111、10111111、01111111,然后重复循环,以实现流水灯的现象。

4. 程序运行测试

将已烧录好程序的单片机 STC89C52 安装到实验箱或所搭建的面包板上,接通电源,即可看到 8 个发光二极管依次点亮。

5. 任务小结

通过本任务的学习,实现了 8 个发光二极管的流水灯控制,使同学们能了解单片机 I/O 的使用。

6. 思考题

请同学们思考,_cror_()是循环右移函数,相应的还有_crol_()循环左移函数,应该如何调用,实现流水灯控制呢?

3.3　C 语言基本结构

3.3.1　循环结构

循环结构是编程中一种重要的程序结构,几乎所有的程序都用到循环结构,比如经常用

到的延时程序。

循环结构包括 while、do-while、for 语句,以及循环控制语句 break、continue 语句。

1. while 语句

语句的一般形式:

```
while(表达式)    //表达式通常是逻辑表达式或者关系表达式
{
    语句组;      //循环体,即程序段
}
```

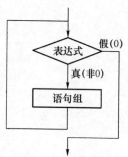

图 3-6　while 语句流程图

执行过程:首先判断表达式的值,当值为真时执行语句组,当值为假时退出循环。流程图如图 3-6 所示。

注意:

(1) 真即为非零。

(2) 每次执行循环之前都要判断一次表达式的真假。

(3) while(1)循环条件永远为真,为无限循环。

(4) 注意循环边界。

任务 2 中的源程序就用到了 while(1)就是保持始终执行循环右移,实现流水灯现象。

【例 3.1】 用 while 语句求 1~100 的和。

```
main()
{
    int i,sum;           //定义整形变量 i,sum
    i = 1;               //i 为循环控制变量,初值为 1
    sum = 0;             //sum 为和,初值为 0
    while(i< = 100)      //循环条件 i< = 100,循环范围为 1~100
    {
        sum = sum + i;   //累加和
        i + + ;          //i 自增 1,修改循环控制变量
    }
}
```

注意:编写程序的时候一定要养成良好的书写习惯,不同层次可以按 Tab 键缩进,每一对大括号都对齐,这样不容易出错,也便于查错。

2. do-while 语句

语句的一般形式:

```
do
{
    语句组;        //循环体,即程序段
}while(表达式);    //表达式通常是逻辑表达式或者关系表达式
```

执行过程:while 语句是先判断条件,再执行。而 do-while 语句则是先执行,再判断。

流程图如图 3-7 所示。

【**例 3. 2**】 将例 3.1 程序用 do-while 语句实现。

```
main()
{
    int i,sum;          //定义整形变量 i,sum
    i = 1;              //i 为循环控制变量,初值为 1
    sum = 0;            //sum 为和,初值为 0
    do
    {
        sum = sum + i;  //累加和
        i ++ ;          //i 自增 1,修改循环控制变量
    } while(i< = 100);  //循环条件 i< = 100,循环范围为 1～100
}
```

图 3-7 do-while
语句流程图

通过这个例子可以得到下面的结论,解决同样的问题,既可以用 while 语句,也可以用 do-while 语句。两者相同之处在于,循环体和循环条件,以及循环结果;不同之处在于,如果一开始就不符合循环条件,那么 while 语句的循环体一次都不执行,而 do-while 语句则要执行一次循环体。

3. for 语句

单片机的延时程序中,都会用到 for 语句。任务 2 中的 void delay(unsigned int i)延时函数就是应用 for 循环来实现的。

语句的一般形式:

for(循环变量赋初值;循环条件;修改循环变量)
{
    语句组;//循环体
}

括号里面有三个表达式,表达式 1 是给循环变量赋初值,表达式 2 是循环条件,表达式 3 是修改循环变量,这三个表达式用分号分隔开。流程图如图 3-8 所示。

执行过程如下:

(1) 先执行第 1 个表达式,给循环变量赋初值。

(2) 再用第 2 个表达式判断循环变量是否满足循环条件,如果满足,则执行花括号的语句组一次,再执行步骤(3);如果不满足循环条件,则跳出循环,执行步骤(5),结束循环。

(3) 执行第 3 个表达式,修改循环变量的值。

(4) 执行步骤(2)。

(5) 跳出循环,执行 for 语句的下面一条语句。

【**例 3. 3**】 将例 3.1 用 for 语句实现。

```
main()
{
    int   i,sum = 0;
```

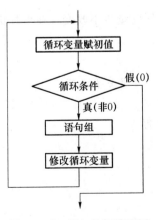

图 3-8 for 语句执行流程图

```
    for(i = 1;i < = 100;i + + )
    {
        sum = sum + i;
    }
}
```

注意:for 语句的三个表达式有时候是可以省略的,但是";"是万万不能省略的。分以下几种情况:

(1) for(;表达式 2;表达式 3)

省略表达式 1,即初始条件。在 for 语句外部定义循环变量的初值。

例:int i = 1,sum = 0 ;

    for(;i< = 100;i + +)

    sum = sum + i;

(2) for(表达式 1;;表达式 3)

省略表达式 2,即循环条件。这时认为循环条件恒为真。

例:int i,sum = 0 ;

    for(i = 0;;i + +)

    sum = sum + i;

执行时,i 每循环一次就加 1,无穷循环下去。

思考:用 while 语句如何实现?

(3) for(表达式 1;表达式 3;)

省略表达式 3,在循环体中修改循环变量的值。

```
int i,sum = 0;
for(i = 1;i< = 100;)
{
        sum = sum + i;
        i + + ;
}
```

(4) for(; ;)

三个表达式都省略。没有设置初值,不判断循环的条件,循环变量也不改变。在单片机程序设计的时候,这样的 for 语句就可实现无限循环。

(5) 表达式 1,表达式 2,表达式 3 可以是其他表达式形式。

例如:for(i = 1,sum = 0;i<100;i + +)   //表达式 1 为逗号表达式

    for(i = 1;i< = 100;sum = sum + i,i + +); //表达式 3 位逗号表达式,循环语句

                                      为空语句

例如,单片机中常用的延时函数也可以这样写:

```
void delay(unsigned int i)
{
        unsigned int k,j;
        for(k = 0;k<i;k + + )
```

```
        for(j = 0;j<255;j++);
}
```

4. 循环嵌套

循环嵌套是指循环体(外循环)中又包含另一重循环(内循环),内循环中又可以包含循环。单片机程序设计中的延时程序,就是用双重 for 循环语句实现的。例如上页(6)的延时函数就是双重循环。

5. break 语句

break 语句的一般形式:

break;

break 语句的作用是强制结束循环,跳出循环体。一般使用在循环语句和 swith 语句中。

在循环语句中,如果遇到 break 语句,则跳出循环,不再执行 break 之后的循环体,通常 break 语句与 if 语句一起使用,如果满足 if 语句的条件,那么就跳出循环。

在 switch 语句中,用于跳出 switch 语句。参见 3.3.2 选择结构。

【例 3.4】 执行下面程序段的结果:

```
main()
{
    int i,sum = 0;
    for(i = 1;  ;i++)      //设置 for 循环初值为 1,修改循环变量
    {
        if(i>5)   break;//判断条件是否满足,如果满足则执行 break 语句跳出循环
        sum = sum + i;
    }
}
```

变量 i 循环了 5 次,当 i 循环到 i=6 的时候,满足 i>5 的条件,就执行 break 语句,跳出 for 循环,不再执行 sum=sum+i 语句。

注意:(1) 当有循环嵌套的情况,break 语句只能跳出一层循环。

(2) break 语句对 if-else 语句不起作用。

(3) 在循环结构程序中,结束循环可以用循环条件来控制,也可以用 break 语句强行跳出循环。

6. continue 语句

continue 语句的一般形式:

continue;

continue 语句的作用是结束本次循环,强制执行下一次循环。

continue 语句与 break 语句的不同之处在于,continue 是循环体中 continue 之后的语句不再执行,强制跳出本次循环,再继续判断循环条件,继续执行下次循环,而 break 语句是跳出整个循环。

【例 3.5】 对比下面两个程序段,分析结果。

```
main()
```

```
    {
        int i,sum;
        sum = 0;
        for(i = 1;i< = 20;i + + )
        {
            if(i % 5 = = 0)  continue;
            sum = sum + i;
        }
    }
main()
{
        int i,sum;
        sum = 0;
        for(i = 1;i< = 20;i + + )
        {
            if(i % 5 = = 0)  break;
            sum = sum + i;
        }
}
```

以上两个程序,第一个程序的结果是 160,第二个程序的结果是 10。

试思考,为什么?

对于第一个程序,请思考,要求 20 以内能被 5 整除的数的和应该如何修改程序。

3.3.2 选择结构

1. if 语句

if 语句有三种基本形式。

1) if 语句

格式:

if(表达式)

{

语句组;

}

执行过程:先计算条件表达式的值,如果条件表达式的值为真(非 0),执行语句组,否则执行 if 语句的下一条语句。

例如:

(1) if(x>0) printf("x = % f",x);   如果 x>0,输出 x。

(2) if(a = = b) printf(" % s","a = b");如果 a 等于 b,输出"a = b"。

说明：

（1）条件表达式必须用小括号括起，同时注意区分作为条件的表达式与作为数值的表达式。

（2）if 语句中要选择执行的语句称为选择体，选择体从语法上只能是一条语句，如果选择体需多条语句描述，必须采用复合语句。

2）if-else 语句

格式：

```
if(表达式)
{
    语句组 1;
}
else
{
    语句组 2;
}
```

执行过程：先计算表达式的值，如果表达式的值为真（非 0），执行语句组 1，否则执行语句组 2，if 语句执行完后执行 if 语句的下条语句。

例如：

（1）如果 x＞0，输出 x 大于 0，否则输出 x 小于等于 0。

```
if(x＞0)  printf("x 大于 0");
else  printf("x 小于等于 0");
```

（2）如果 a 等于 b，输出 a 等于 b，否则输出 a 不等于 b。

```
if(a==b)  printf("a 等于 b");
else  printf("a 不等于 b");
```

（3）求两个数 x、y 的最大值 max。

```
if(x＞y)  max=x;
else  max=y;
```

（4）判断整数 i 的奇偶性。

```
if(i%2==0)  printf("偶数\n");
else  printf("奇数\n");
```

说明：

（1）if-else 语句形式上相当于 if 语句扩展 else 分支而来，else 分支称为 else 子句，else 子句不能单独存在。

（2）在其他高级语言中特别强调 else 子句前不能有分号，C 语言中 else 子句前必有分号。

（3）选择体如为多条语句同样必须采用复合语句。

（4）if 语句可认为是 if-else 语句默认 else 子句的特殊情况，一条 if-else 语句可用两条单分支 if 语句实现。

例如，前例中三条 if-else 语句改用 if 语句实现：

① if(x>0)　　printf("x 大于 0");

　if(x<=0)　　printf("x 小于等于 0");

② if(a==b)　　printf("a 等于 b");

　if(a!=b)　　printf("a 不等于 b");

③ if(x>y)　　max=x;

　if(x<=y)　　max=y;

3) if-else-if 语句

格式:if(表达式 1)

{

　　语句组 1;

}

else if(表达式 2)

{

　　语句组 2

};

…

else if(表达式 n)

{

　　语句组 n;

}

执行过程:依次判断表达式的值,当出现某个值为真时,则执行其对应的语句。然后跳到整个 if 语句之外继续执行程序。如果所有的表达式均为假,则执行语句 n,然后继续执行后续程序。

2. switch 语句

switch 语句是一种多分支选择语句,其一般形式如下:

switch(表达式)

{

　　case 常量表达式 1:　{语句 1;}break;

　　case 常量表达式 2:　{语句 2;}break;

　　…

　　case 常量表达式 n:　{语句 n;}break;

　　default:{语句 n+1;}

}

执行过程:计算选择表达式的值,当表达式的值与某一个 case 后面的常量相等、相匹配时,就执行此 case 后面的处理语句。执行完一个 case 后面的语句后,流程控制转移到下一个 case 处继续执行。若所有 case 中的常量都不与选择表达式的值相匹配,就执行 default 后面的语句。

执行 switch 语句有以下注意事项:

(1) 表达式可以是任何表达式;

(2) 表达式必须用小括号括起来;

（3）case 后边的表达式可以是常量表达式，每个 case 后面的值必须互不相同；

（4）一种 case 执行完成后，必须用 break 语句跳出 switch 语句；

（5）可以没有 default 语句；

（6）各个 case 和 default 语句的出现次序不同是不会影响运行结果的；

（7）多个 case 可以执行同一组语句，例如

```
…
case  'A';
case  'B';
case  'C':printf("OK");break;
…
```

任务 3　模拟汽车转向灯

1. 任务目的及要求

使用单片机实现模拟汽车转向灯设计。

熟练 C 语言基本指令、选择结构、循环结构的语句使用方法。

2. 电路设计及元件

采用两个发光二极管模拟汽车的左右转向灯，用单片机 P2.0 和 P2.1 引脚控制两个发光二极管来模拟右转向灯和左转向灯，用 P2.2 和 P2.3 引脚控制两个开关来模拟右转向灯开关和左转向灯开关，P2.4 引脚控制故障开关，P2.5 接蜂鸣器，转向灯闪烁的时候蜂鸣器响。汽车转向灯电路，如图 3-9 所示。

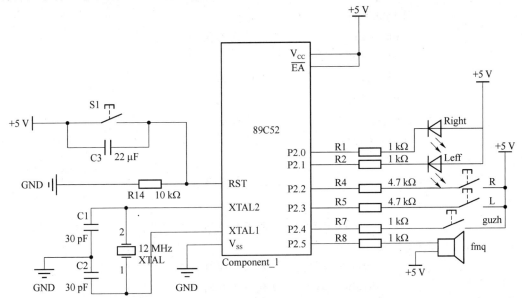

图 3-9　汽车转向灯电路

3. 源程序

```
#include<reg51.h>
sbit Right = P2^0;        //右转向灯
sbit Left = P2^1;         //左转向灯
sbit R = P2^2;            //右转向灯开关
sbit L = P2^3;            //左转向灯开关
sbit fmq = P2^5;          //蜂鸣器
sbit guzh = P2^4;         //故障开关
void delay(unsigned int i)
{
    unsigned int j,k;
    for(k = 0;k<i;k++)
        for(j = 0;j<255;j++);
}
void main()
{
    while(1)
    {
        if(guzh == 1)          //如果故障开关开
        {
            Right = 0;
            Left = 0;           //右转向灯闪烁
            delay(100);
            Right = 1;
            Left = 1;           //左转向灯闪烁
            delay(100);
            fmq = 0;            //开蜂鸣器
            delay(50);
            fmq = 1;            //关蜂鸣器
            delay(50);
        }
        else                    //如果故障开关关
        {
            if(R == 1&&L == 0)  //如果右转向灯开关开
            {
                Left = 1;       //关左转向灯
                Right = 0;      //右转向灯闪烁
                delay(100);
                Right = 1;
```

```
        delay(100);
        fmq = 0;            //开蜂鸣器
        delay(50);
        fmq = 1;            //关蜂鸣器
        delay(50);
    }
    if(L == 1&&R == 0)   //如果左转向灯开关开
    {
        Right = 1;          //关右转向灯
        Left = 0;           //右转向灯闪烁
        delay(100);
        Left = 1;
        delay(100);
        fmq = 0;            //开蜂鸣器
        delay(50);
        fmq = 1;            //关蜂鸣器
        delay(50);
    }

    }
}
```

4. 程序运行测试

将已烧录好程序的单片机 STC89C52 安装到实验箱或所搭建的面包板上,接通电源,接通左转向灯开关的时候左转向灯闪烁,接通右转向灯的时候右转向灯闪烁,接通故障开关的时候,左右转向灯同时闪烁,闪烁的时候蜂鸣器同时响。

5. 任务小节

通过本任务的学习,进一步理解 51 单片机并行 I/O 口的使用。

6. 思考题

想一想还能用什么语句实现该任务。

3.4　数　　组

在单片机系统编程中,数组的应用比较广泛,数组是同类型数据的集合。比如,用数码管显示 0～9 这 10 个数字的时候,所用的 16 进制数就用数组来表示。其中用来表示这个数组的标识,称为数组名。组成数组的各个数据称为数组元素。数组也有类型的,由数组元素的类型确定,比如整型数据的有序集合称为整型数组,字符型数据的有序集合就称为字符型数组。

3.4.1 一维数组和二维数组

1. 一维数组的定义格式

一维数组的一般形式为：

类型说明符　　数组名[常量表达式]；

类型说明符是指数组中各个数组元素的数据类型，例如 int、float 等。

数组名是用户自定义的数组标识符，其命名遵循标识符的命名规则。常量表达式表示该数组中元素的个数，即数组容量或数组长度，可以是整型常量、字符常量以及有确定值的常量表达式，其值必须是正整数。

例如：

```
int   a[6];           /* 定义一个名为 a 的一维数组，数组中有 10 个数组元素 */
float c[2*7];         /* 2*7 为一个有确定值的表达式 */
int   a1[MAX],b1,c1;  /* MAX 为一符号常量 */
```

定义数组的时候，应注意以下几点：

(1) 数组名的命名和其他变量一样，应符合用户标识符的命名规则，并且不得与其他变量同名。

(2) 数组名后面必须是方括号。例如，int　a(20);是错误的。

(3) "[ ]"中的常量表达式中不能包含变量，即使是变量已被赋值。如下面的用法是错误的：

```
int n;
n = 5;
int a[n];
```

(4) 如果类型相同，可同时说明多个数组和多个变量。

例如：int a,b,k1[10],k2[20];

(5) 常量表达式的值表示数组元素的个数。

(6) 一维数组在内存中顺序存放，占用内存一段连续空间，数组名代表这一段连续空间的首地址。定义了一个数组，实质上是定义一批同类型的变量。

例如，有如下定义：int　a[5];

系统为数组 a 开辟了 10 个连续的存储单元，定义了十个变量，这一批变量的名字分别为 a[0],a[1],a[2],a[3],a[4]。

必须注意的是第一个元素的下标从 0 开始计算。

2. 一维数组的赋值

给数组赋值的方法有两种，一种是初始化赋值，另一种是赋值语句。

初始化赋值可以给全部数组元素赋初值，也可以只给部分数组元素赋初值。

例如：

```
int arr1[10] = {1,2,3,4,5,6,7,8,9,10};
```

int arr2[10] = {1,2,3,4,5,6 };/ * 相当于 int arr2[10] = {1,2,3,4,5,6,0,0,0,0 };* /

在花括号中,每个元素用逗号隔开。

在执行程序的过程中,赋值语句对数组元素逐个赋值,例如:

for(int i = 0;i<10;i++)

{

   arr[i] = i;

}

3. 一维数组的引用

数组元素实质上就是一个普通的变量,引用方式为:

数组名[下标表达式]

例如:int　arr[5];

则 arr[0]、arr[4]、arr[i+j]、arr[i++]都是合法的数组元素。

需要注意的是下标的取值范围下限是 0,上限数组长度减 1。

例如:在 8 * 8 点阵显示汉字的程序中,要显示"大"字需要定义一个一维数组:

unsigned char led[] = {0x22,0x24,0x28,0xf0,0x28,0x24,0x22,0};

这就是一维数组的定义,初始化。

4. 二维数组

二维数组的一般形式为:

类型说明符　数组名[常量表达式 1][常量表达式 2];

例如:int　num[3][4];

其数组名为 num,数组类型是 int 整型,是一个 3 行 4 列的数组,数组元素的个数为 3 * 4 个,即:

num[0][0],num[0][1],num[0][2],num[0][3]

num[1][0],num[1][1],num[1][2],num[1][3]

num[2][0],num[2][1],num[2][2],num[2][3]

二维数组的初始化赋值可以分段赋值,也可以连续赋值。

例如对 num[3][4]赋值:

int num[3][4] = {{0,1,2},{3,4,5},{6,7,8}};/ * 分行赋值 * /

int num[3][4] = {0,1,2,3,4,5,6,7,8};　　　　/ * 分段赋值 * /

3.4.2　一维字符数组

数组元素的类型是字符类型的一维数组称为一维字符数组。

例如:char　ch[10];

其数组名为 ch,类型为字符型,包括 10 个字符型元素。系统为该数组开辟了 10 个连续的存储单元,一个元素的存储空间正好为一个字节,所以系统开辟了 10 个连续的字节单元,ch 为该连续存储单元的首地址。

字符数组的初始化赋值是直接将各字符赋给数组汇总的各个元素。例如：

char　ch[10] = {'c','h','i','n','a','\0'};

将 6 个字符分别赋值到 ch[0]～ch[5]中，而 ch[6]～ch[9]中自动赋值空格字符。其中数组长度也可以省略，例如：

char　ch[ ] = {'c','h','i','n','a','\0'};

系统根据赋值元素的个数自动定义长度为 6。

通常用字符数组来存放一个字符串。字符串以 "\0"来作为串的结束符。因此，当把一个字符串存入一个数组时，也要把结束符存入数组。

C 语言中允许用字符串的方式对数组做初始化赋值，例如：

char　ch[ ] = {"china"};

或者 char　ch[ ] = "china";

都是正确的赋值方法。

例如，在 LCD 液晶显示例子中，要想在屏幕上显示"Welcome to China!"，首先要先定义一个一维字符数组：

unsigned char lcd[ ] = "Welcome to China!";

3.5　C 语言的函数

3.5.1　函数的一般形式

函数是 C 语言的基本组成模块，一个程序是由若干个函数组成的。C 程序都是由一个 main()主函数和若干个子函数组成，有且只有一个主函数，程序从主函数开始执行，主函数根据需要来调用其他函数，其他函数可以有多个。例如，任务 2 里的 main 函数就是主函数，void delay(unsigned int i)是子函数。

函数有两种形式:标准函数和用户自定义函数

1. 标准函数

标准函数也就是标准库函数，是由编译器提供的，用户不必定义这些函数，可以直接调用。Keil C51 编译器提供了 100 多个标准库函数。像我们所使用的输入库函数 printf()、scanf()函数，但是要使用这些函数就要使用 #include 预处理命令将调用函数所需要的信息包含在本文件中。

2. 用户自定义函数

用户自定义函数是用户根据自己的要求所编写的函数，它必须先定义才能被调用。

函数定义的一般形式为：

函数类型说明符 函数名(形式参数表);

形式参数类型说明

```
{
    局部变量定义；
    函数体语句；
}
```

"函数类型说明符"定义了函数返回值的类型。

"函数名"是自定义函数的名字。

"形式参数表"给出函数被调用时传递数据的形式参数,形式参数的类型必须加以说明。如果定义的是无参函数,可以没有形式参数表,但是圆括号不能省略。

"局部变量定义"是对函数内部所使用的变量的定义。

"函数体语句"是完成函数功能的语句体。

例如,任务 2 中我们经常用到的延时函数：

```
void delay(unsigned char i)
{
     unsigned char   j,k;
    for(k = 0;k<i;k + +)
    for(j = 0;j<255;j + +);
}
```

void 表示函数无返回值,函数名为 delay,形式参数是无符号字符型变量 i,无符号字符型变量 j 和 k 是 delay()函数内部的局部变量,此函数的功能是完成 i ＊ 255 次空循环。

3.5.2　函数的调用

函数被定义之后就被调用。

函数调用就是在主程序中引用另外一个已经被定义的函数,前者称为主调函数,后者称为被调函数。函数调用的一般形式为：

函数名(实际参数列表)；

对于有参函数的调用,如果有多个实际参数,则各参数之间用逗号隔开。实参与形参顺序对应,个数对应,类型对应。

函数的调用有以下 3 种形式：

(1) 函数调用语句

函数调用语句即把被调用函数名作为主调函数中的一个语句,并不返回函数值。

例如：

```
main()
{
    print_message();
}
print_message()
{
```

```
        printf("China!");
}
```

（2）函数结果作为表达式的一个运算对象

例如：res = 2 * max(a,b);

（3）函数参数

任务 2 流水灯控制中，主函数是这样调用延时子函数的。

```
#include<reg51.h>
#include<intrins.h>
void delay(unsigned int i)        //延时函数声明,i 为形式参数
{
        unsigned int k;
        for(k = 0;k<i;k++);
}
void main()
{
        P1 = 0xfe;
        while(1)
        {
                P1 = _cror_(P1,1);
                delay(10000);          //调用延时函数,10000 为实际参数
        }
}
```

任务 4　制作彩色瀑布

1. 任务目的及要求

使用单片机实现彩色瀑布设计。

熟练使用单片机各引脚,复习数组、左移或右移、函数调用等指令,单片机发开过程以及开发过程中所使用的软件及硬件。

2. 电路设计及元件

彩色瀑布的工作原理很简单,与数码管类似,只是将单色 LED 发光二极管改成彩色的 LED,并将笔段改为直线排列。要显示瀑布一样的效果,需要把实现连续点亮的形式,然后通过各组 LED 刷新显示,形成瀑布的效果。

电路中,使用红、绿、蓝、黄、粉 5 种颜色的 LED 各 8 个,将 LED 的阴极与单片机的 P2.0~P2.7 相连,阳极与晶体管的集电极相连,晶体管的基集与单片机的 P1.0~P1.4 相连。电路如图 3-10 所示。

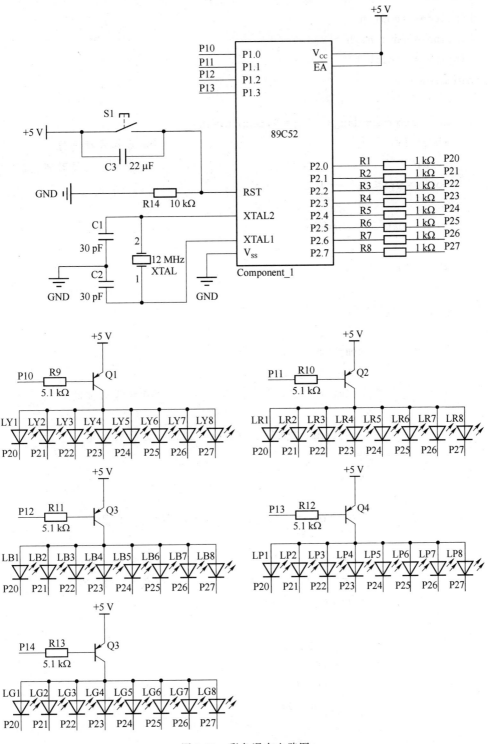

图 3-10　彩色瀑布电路图

3. 源程序

```
#include<reg51.h>
#include<intrins.h>
#include<stdlib.h>
void main()
{
    unsigned char dat[8],i,j = 0,temp,t,mode;
    mode = 1;                              //电线模式标志位
    t = 6;                                 //指定显示延迟时间
    for(i = 0;i<8;i++)
    {
        dat[i] = rand();
    }
    while(1)
    {
        for(i = 0;i<8;i++)
        {
            temp = dat[i];
            temp = temp/32;
            if(mode == 1)                  //点线模式控制
            {
                temp = 0x01<<(temp-1);  //点模式显示
            }
            else
            {
                temp = 0xff>>(8-temp); //线模式显示
            }
            P2 = ~temp;                    //控制 LED 高低
            P1 = ~(0x01<<i);               //点亮一组 LED
            for(j = 0;j<t;j++)             //显示延迟
            {
                _nop_();
                _nop_();
                _nop_();
                _nop_();
            }
        }
        for(j = 0;j<4;j++)                 //刷新数据
        {
```

```
                    dat[j] = dat[j + 1];
            }
            dat[4] = rand();
        }
    }
```

4. 程序运行测试

将已烧录好程序的单片机 STC89C52 安装到实验箱或所搭建的面包板上,接通电源,观察闪烁效果。

5. 任务小节

通过本任务的学习,进一步理解 51 单片机并行 I/O 口的使用。

6. 思考题

如果发光二极管的阴极接到 P0 口,电路应该如何更改。

第4章 显示电路控制

4.1 LED 数码管工作原理

4.1.1 LED 数码管结构

在单片机应用系统中,显示器是一个不可缺少的人机交互设备之一,是单片机应用系统中最基本的输出装置。通常需要用显示器显示运行状态以及中间结果等信息,便于人们观察和监视单片机系统的运行状况。而单片机系统中最为常见的显示器是发光二极管数码显示器(简称 LED 显示器)。LED 显示器具有低成本、配置简单、安装方便和寿命长等特点。但显示内容比较有限,一般不能用于显示图形。

LED 显示器是由若干个发光二极管组成,数码管按段数分为七段数码管和八段数码管,八段数码管比七段数码管多一个发光二极管单元(多一个小数点显示);当发光二极管导通时,相应的一个点或一个笔画发亮。控制不同组合的二极管导通,就能显示出各种字符。

4.1.2 LED 数码显示原理

1. 基本知识

数码管显示器有共阳极和共阴极两种。共阴极 LED 显示器的发光二极管的阴极连接在一起,通常是其公共阴极接地。当某个发光二极管的阳极为高电平时,发光二极管点亮,相应的段被显示。同样,共阳极 LED 显示器的发光二极管的阳极连接在一起,通常是其公共阳极接正电压,当某个发光二极管的阴极接低电平时,发光二极管被点亮,相应的段就被显示。在控制 LED 数码管过程中,将不同的 8 位二进制数送到数码管中就可以使数码管显示不同的数字了。

在单片机应用系统中,单片机与数码管的连接可以分为静态显示和动态显示。静态显示时,较小的电流能得到较高的亮度且字符不闪烁。在单片机系统设计时,静态显示通常利用单片机的串行口实现。当显示器位数较少时,采用静态显示的方法比较适合。N 位静态显示器要求有 N∗8 根 I/O 口线,占用 I/O 口线较多。所以在位数较多时往往采用动态显示方式。

所谓动态显示方式就是一位一位地轮流点亮各位数码管,这种逐位点亮显示器的方法称为位扫描。通常,各位数码管的段选线相应并联在一起,由一个 8 位的 I/O 口控制;各位的位选线(公共阴极或阳极)由另外的 I/O 口线控制。动态方式显示时,各数码管分时轮流选通。要使其稳定显示,必须采用扫描方式,即在某一时刻只选通一位数码管,并送出相应的段码,在另一时刻选通另一位数码管,并送出相应的段码。依此规律循环,即可使各位数码管显示将要显示的字符。虽然这些字符是在不同的时刻分别显示,但由于人眼存在视觉暂留效应,只要每位显示间隔足够短就可以给人以同时显示的感觉。

2. 图解(以下为具体图解说扫描法 LED 的显示原理)

8 段数码管一般由 8 个发光二极管(Llight Emitting Diode,LED)组成,每一个位段就是一个发光二极管。一个 8 段数码管分别由 a、b、c、d、e、f、g 位段,外加上一个小数点的位段 h(或记为 dp)组成。根据公共端所接电平的高低,可分为共阳极和共阴极两种,如图 4-1 所示。外部引脚如图 4-2 所示。

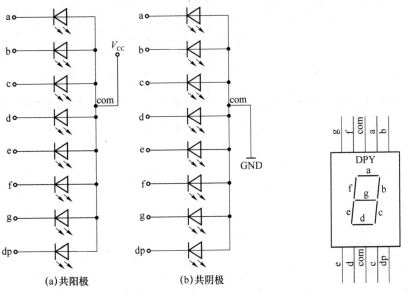

(a)共阳极　　　　　　(b)共阴极

图 4-1　数码管内部结构图　　　　　图 4-2　数码管外部引脚

有时数码管不需要小数点,只有 7 个位段,称 7 段数码管。共阴极 8 段数码管的信号端高电平有效,只要在各个位段上加上相应的信号即可使相应的位段发光,比如:要使 a 段发光,则在 a 段加上高电平即可。共阳极的 8 段数码管则相反,在相应的位段加上低电平即可使该位段发光。因而,一个 8 段数码管就必须有 8 位(即 1 个字节)数据来控制各个位段的亮灭。比如:对共阴极 8 段数码管,PTA0~7 分别接 a~g、dp,即 PTA=0b011111111 时,a 段亮;当 PTA=0b00000001 时,除 h 位段外,其他位段均亮。如此推算,有几个 8 段数码管,就必须有几个字节的数据来控制各个数码管的亮灭。这样控制虽然简单,却不切实际,MCU 也不可能提供这么多的端口用来控制数码管,为此,往往是将几个 8 段数码管合在一起使用,通过一个称为数据口的 8 位数据端口来控制段位。而一个 8 段数码管的公共端,原来接到固定的电平(对共阴极是 GND,对共阳极是 V_{cc}),现在接 MCU 的一个输出引脚,由 MCU 来控制,通常称为"位选信号",而把这些由 n 个数码管合在一起的数码管组称为 n 连排数码管。这样,MCU 的两个 8 位端口就可以控制一个 8 连排的数码管。若是要控制更多的数码管,则可以考虑外加一个译码芯片。例如:一个 4 连排的共阴极数码管,它们的位段信号端(称为数据端)接在一起,可以由 MCU 的一个 8 位端口控制,同时还有 4 个位选信号(称为控制端),用于分别选中要显示数据的数码管,可用 MCU 另一个端口的 4 个引脚来控制。

对于图 4-3 所示的 4 连排数码管,利用 CS3、CS2、CS1、CS0 控制各个数码管的位选信号,每个时刻只能让一个数码管有效,即 CS3、CS2、CS1、CS0 只能有一个为 0,例如令 CS3＝0,CS2、CS1、CS0＝111,则数据线上的数据体现在第一个数码管上,其他则不受影响。要让各个数据管均显示需要的数字,则必须逐个使相应位选信号为 0,其他位选信号为 1,并将要显示的一位数字送到数据线上。这种方法称为"位选线扫描法"。虽然每个时刻只有一个数码管有效,但只要延时适当,由于人眼的"视觉暂留效应"(约 100 ms),看起来则是同时显示的。

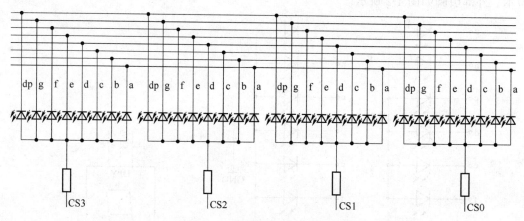

图 4-3　4 连排共阴极 8 段数码管

3. 数码管字形编码

要使数码管显示出相应的数字或字符,必须使段数据口输出相应的字形编码。字型码各位定义为:数据线 D0 与 a 字段对应,D1 与 b 字段对应……依此类推。如使用共阳极数码管,数据为 0 表示对应字段亮,数据为 1 表示对应字段暗;如使用共阴极数码管,数据为 0 表示对应字段暗,数据为 1 表示对应字段亮。如要显示"0",共阳极数码管的字型编码应为:11000000B(即 C0H);共阴极数码管的字型编码应为:00111111B(即 3FH)。依此类推,可求得数码管字形编码如表所示。

表 4-1　数码管字形编码表

显示数字	共阴顺序小数点暗		共阴逆序小数点暗		共阳顺序小数点亮	共阳顺序小数点暗
	dp g f e d c b a	16 进制	a b c d e f g dp	16 进制		
0	0 0 1 1 1 1 1 1	3FH	1 1 1 1 1 1 0 0	FCH	40H	C0H
1	0 0 0 0 0 1 1 0	06H	0 1 1 0 0 0 0 0	60H	79H	F9H
2	0 1 0 1 1 0 1 1	5BH	1 1 0 1 1 0 1 0	DAH	24H	A4H
3	0 1 0 0 1 1 1 1	4FH	1 1 1 1 0 0 1 0	F2H	30H	B0H
4	0 1 1 0 0 1 1 0	66H	0 1 1 0 0 1 1 0	66H	19H	99H

显示 数字	共阴顺序小数点暗		共阴逆序小数点暗		共阳顺序 小数点亮	共阳顺序 小数点暗
	dp g f e d c b a	16 进制	a b c d e f g dp	16 进制		
5	0 1 1 0 1 1 0 1	6DH	1 0 1 1 0 1 1 0	B6H	12H	92H
6	0 1 1 1 1 1 0 1	7DH	1 0 1 1 1 1 1 0	BEH	02H	82H
7	0 0 0 0 0 1 1 1	07H	1 1 1 0 0 0 0 0	E0H	78H	F8H
8	0 1 1 1 1 1 1 1	7FH	1 1 1 1 1 1 1 0	FEH	00H	80H
9	0 1 1 0 1 1 1 1	6FH	1 1 1 1 0 1 1 0	F6H	10H	90H

4.2 LED 数码管静态显示

4.2.1 1 位数字符号静态显示

1. 静态显示的特点

静态显示就是显示驱动电路具有输出锁存功能,单片机将所要显示的数据送出去后,数码管始终显示该数据(不变),CPU 不再控制 LED。到下一次显示时,再传送一次新的显示数据。

静态显示的接口电路采用一个并行口接一个数码管,数码管的公共端按共阴极或共阳极分别接地或接 V_{CC}。这种接法,每个数码管都要单独占用一个并行 I/O 口,以便单片机传送字形码到数码管控制数码管的显示。显然其缺点就是当显示位数多时,占用 I/O 口过多。

为了解决静态显示 I/O 口占用过多的问题,可采用串行接口扩展 LED 数码管的技术。

静态显示方式的优点是显示的数据稳定,无闪烁,占用 CPU 时间少。其缺点是由于数码管始终发光,功耗比较大。

2. 数码管的静态显示

在实际应用系统中,很少只用一个数码管进行显示,大多由几个数码管组成一个显示单元。N 位 LED 数码管组成的显示单元如图 4-4 所示。

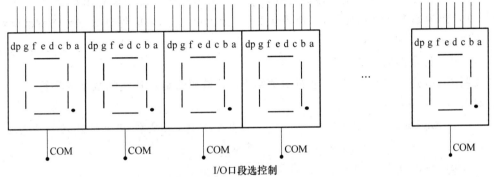

图 4-4 N 位 LED 数码管组成的显示单元

从图 4-4 中可以看出 N 位 LED 显示单元构成的原理,N 位 LED 显示单元有 N 根位选线和 $8 \times N$ 根段选线。根据显示方式不同,位选线与段选线的连接方法也不同。位选线控制具体某一位 LED 数码管的选择,段选线控制 LED 数码管中具体某个发光二极管显示的亮或灭。

静态显示方式 LED 显示器在 LED 显示器工作在静态显示方式下,共阴极点或共阳极点连接在一起接地或高电平(+5 V)。每位的段选线(a~dp)与一个 8 位并行口相连。如图 4-5 所示该电路每一位可独立显示,只要在该位的段选线上保持相应的电平,该位就能保持相应的字符为显示状态。由于每一位一个 8 位输出口控制段码,故在同一时间里每一位显示的字符可以各不相同。

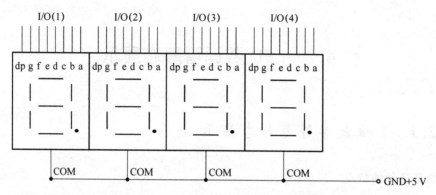

图 4-5 4 位静态 LED 显示器电路

当所有 COM 端连接在一起并接地时,首先由 I/O(1)送出数字 3 的段选码 4FH(即数据 01001111)到左边第一个 LED 数码管的段选线上,阳极接收到高电平"1",数码管 g、d、c、b、a 段因为有电流流过而被点亮,结果是左边第一个 LED 数码管显示 3;接着由 I/O(2)送出数字 4 的段选码 66H(即数据 01100110)到左边第二个 LED 数码管的段选线上,阳极接收到高电平"1",共阴极数码管 g、f、c、b 段则被点亮,结果是左边第二个 LED 数码管显示 4;同理,由 I/O(3)送出数字 5 的段选码 6DH(即数据 01101101)到左边第三个 LED 数码管的段选线上,由 I/O(4)送出数字 6 的段选码 7DH(即数据 01111101)到左边第四个 LED 数码管的段选线上,则第三、四个 LED 数码管分别显示 5、6。

3. 1 位数字符号静态显示

如图 4-6 所示为一位共阳极数码管静态显示的典型连接。图中没有用到 P0 口,如果要用到 P0 口作为通用 I/O 口使用,一定要在 P0 口接上拉电阻,才能保证数据传输的准确性。

程序设计:

(1)显示特定的数字或字符

按照图 4-6 进行电路连接后,通过赋值给 P1,让数码管显示特定的数字或字符。

参考程序如下:

```
# include<AT89X52.h>        //包含头文件,头文件包含特殊功能寄存器的
                              定义
void main()
{
```

```
        P1 = 0xc0;                     //二进制位 11000000.参考数码管排列,可以得
                                          出 0 对应的段点亮,1 对应的段熄灭,结果显
                                          示数字 0

        while(1)
        {
        }
}
```

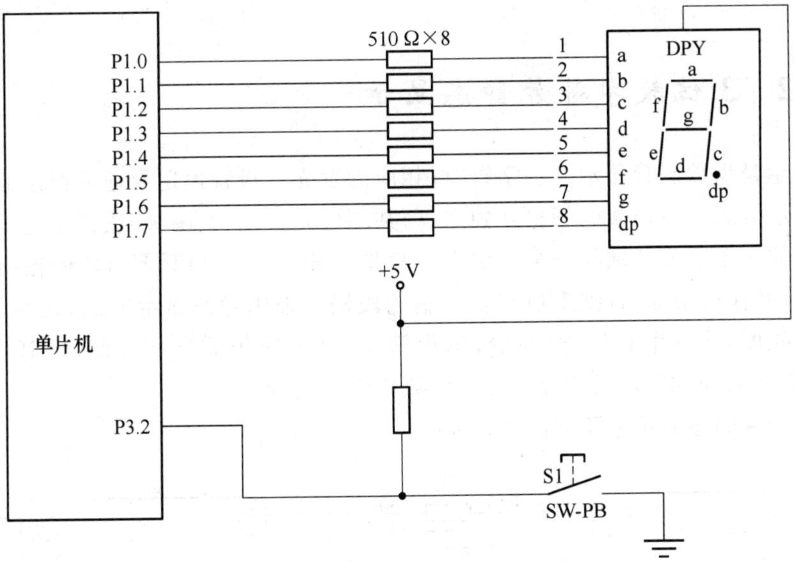

图 4-6　一位静态数码管电路

（2）显示变化的数字

按照图 4-6 进行电路连接后,通过循环赋值给 P1,让数码管显示变化得数字 0~9。

参考程序如下：

```
    # include<AT89C51.h>               //包含头文件,头文件包含特殊功能寄存器的定义
unsigned char code table[10] = {0xc0,0xf9,0xa4,0xb0,0x99,0x92,0x82,0xf8,0x80,0x90};
                                       //显示数值表 0~9

    void Delay(unsigned int t);
     void main()
{
        unsigned char i;               //定义一个无符号字符型局部变量 i,其取值范
                                          围为 0~255

        while(1)                       //主循环
        {
        for(i = 0;i<10;i ++)           //加入 for 循环,表明 for 循环大括号中的程序
                                          循环执行 10 次

          {
```

```
        P1 = table[i];          //循环调用表中的数值
        Delay(60000);           //延时,方便观察数字变化
      }
    }
  }

void Delay(unsigned int t)
  { whilec - - t)
  }
```

4.2.2 3位数字符号静态显示

静态显示是指数码管显示某一字符时,相应的发光二极管恒定导通或恒定截止。

这种显示方式的各位数码管相互独立,公共端恒定接地(共阴极)或接正电源(共阳极)。每个数码管的8个字段分别与一个8位I/O口地址相连,I/O口只要有段码输出,相应字符即显示出来,并保持不变,直到I/O口输出新的段码。采用静态显示方式,较小的电流即可获得较高的亮度,且占用CPU时间少,编程简单,显示便于监测和控制,但其占用的口线多,硬件电路复杂,成本高,只适合于显示位数较少的场合。

两位数码管静态显示电路如图4-7所示。

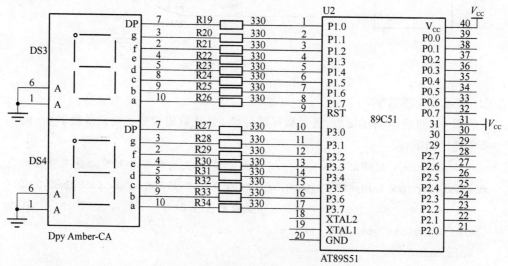

图 4-7 两位数码管静态显示电路

程序设计如下:

```
# include <AT89X51.H>
Unsigned char code table[ ] = {0xC0,0xF9,0xA4,0xB0,0x99,0x92,0x82,0xF8,0x80,0x90};
unsigned char count;
unsigned char n;
void delay2(unsigned int t)
{
```

```
    unsigned char i = 250;
    while(t--)while(i--);
}
void smg(unsigned int n)            //数码管显示 2 位数字
{ int j;
  if(n<10)
  {
    for(j = 0;j<10;j++)
    {
        P2 = table[count/10];P0| = 0X01;delay2(2);P0& = 0XFE;
        P2 = table[count%10];P1| = 0X01;delay2(2);P1& = 0XFE;
    }
        }
  if(n<100&&n> = 10)
    {
      for(j = 0;j<10;j++)
       {
        P2 = table[count/10];P0| = 0X01;delay2(2);P0& = 0XFE;
        P2 = table[count%10];P1| = 0X01;delay2(2);P1& = 0XFE;
       }
    }
}
void main()
{
        count = 0;
  while(1)
    {
        n = count;
         smg(n);
         count++;
        if(count> = 100)
         count = 0;                 //循环计数
    }
}
```

4.3　LED 数码管动态显示

1. 动态显示的特点

动态扫描方法是用其接口电路把所有数码管的 8 个笔划段 a～g 和 dp 同名端连在一

起,而每一个数码管的公共极 COM 各自独立地受 I/O 线控制。CPU 向字段输出口送出字形码时,所有数码管接收到相同的字形码。但究竟是哪个数码管亮,则取决于 COM 端,COM 端与单片机的 I/O 口相连接,由单片机输出位码到 I/O 控制何时哪一位数码管亮。

动态扫描用分时的方法轮流控制各个数码管的 COM 端,使各个数码管轮流点亮。在轮流点亮数码管的扫描过程中,每位数码管的点亮时间极为短暂。但由于人的视觉暂留现象及发光二极管的余晖,给人的印象就是一组稳定的显示数据。

动态显示的优点当显示位数较多时,采用动态显示方式比较节省 I/O 口,硬件电路也较静态显示简单;缺点是其稳定度不如静态显示方式。而且在显示位数较多时 CPU 要轮番扫描,占用 CPU 较多的时间。

2. 数码管的动态显示原理

在多位 LED 显示时,为了简化电路,降低成本,将所有位的段选码并联在一起,由一个 8 位 I/O 口控制,而共阴极点或共阳极点分别由相应的 I/O 口线控制。如图 4-8 所示为一个 4 位 LED 动态显示电路。

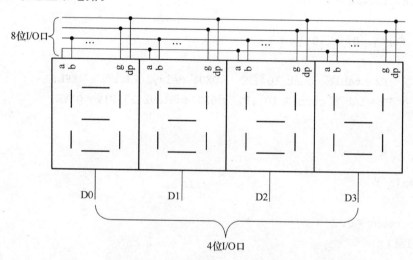

图 4-8　4 位 LED 动态显示器电路图

4 位 LED 动态显示电路只需要两个 8 位 I/O 口,其中一个控制段选码,另一个控制位选码。由于所有的段选码皆由一个 I/O 口控制,因此,在每个时刻,4 位 LED 只能显示相同的字符。要想每位显示不同的字符,必须采用扫描方式,即在每一个时刻只使某一位显示相应字符。在此时刻,段选控制 I/O 口输出相应字符段选码,位选控制 I/O 口输出该位选通电平(共阴极电平为低电平,共阳极电平为高电平)。如此轮流,使每位显示该位应显示的字符,并保持一段时间,通过视觉暂留效果,获得视觉稳定的显示状态。

首先由 I/O(1)送出数字 3 的段选码 4FH(即数据 01001111)到 4 个 LED 共同的段选线上,接着由 I/O(2)送出位选码×7H(即数据×××0111)到位选线上,其中数据的高 4 位为无效的×,只有送入左边第一个 LED 的 COM 端 D3 为低电平"0",因此只有该 LED 的数码管因阳极接收到高电平"1"的 g、d、c、b、a 段因为有电流流过而被点亮,也就是显示出数字 3,而其余 3 个 LED 因其 COM 端均为高电平"1"而无法点亮。显示一定时间后,再由 I/O(1)送出数字 4 的段选码 66H(即数据 01100110)到段选线上,接着由 I/O(2)送出位选码×

BH(即数据××××1011)到位选线上,此时只有该 LED 的发光管因阳极接收到高电平"1"的 g、f、c、b 段有电流流过而被点亮,也就是显示出数字 4,而其余 3 位 LED 不亮。如此再依次送出第三个 LED、第四个 LED 的段选与位选的扫描代码,就能依次分别点亮各个 LED,使 4 个 LED 从左至右依次显示 3、4、5、6。

3. 程序举例

两位数码管动态显示。

下面的程序实现了两位数码管 00～99 的循环动态显示。

参考程序如下。

```
#include<AT89C51.h>
unsigned char code    table[ ]={0Xc0,0XF9,0XA4,0XB0,0X99.0X92,0X82,0XF8,0X80,0X90};
unsignde char n,count;
void delay2(unsignde int t)            //延时函数
{
    unsigned char i=250;
    while(t--)
    while(i--);
}
void smg(unsigned int n)               //显示函数,数码管显示 2 位数字
{
    int j;
    if(n<10)
    {
    for(j=0;j<10;j++)
    {
      P2=table[count/10];P0|=0X01;delay2(2);P0&=0XFE;
      P2=table[count%10];P1|=0X01;delay2(2);P1&=0XFE;
     }
    }
    if(n<100&&n>=10)
    {
        for(j=0;j<10;j++)
        {
          P2=table[count/10];P0|=0X01;delay2(2);P0&=0XFE;
          P2=table[count%10];P1|=0X01;delay2(2);P1&=0XFE;
        }
    }
}
void main()
{
```

```
    count = 0;
    while(1)
    {
     n = count;
     smg(n);
     count ++ ;
     if(count> = 100)          //循环计数
     count = 0;
     }
    }
```

任务5　简易秒表的设计

1. 静态显示方式的秒表

在单片机的 P0 和 P2 口分别接有两个共阴极数码管,P0 口驱动显示秒时间的十位,而P2 口驱动显示秒时间的个位,2 位秒表电路如图 4-9 所示。显然这种电路连接是利用数码管的静态显示方式。

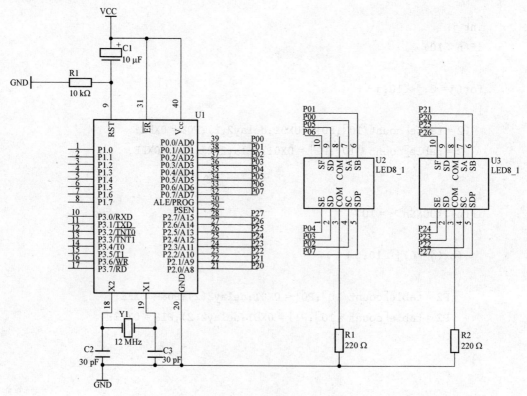

图 4-9　2 位秒表电路

对于秒计数单元中的数据要把它十位数和个位数分开,可采用对 10 整除和对 10 求余的方法。在数码上显示,通过查表的方式完成。一秒时间的产生在这里采用软件精确延时的方法来完成,经过精确计算得到 1 s 时间为 1.002 s,需要注意的是此电路采用的是频率为 12 MHz 的晶振。

参考程序如下:

```c
#include<AT89X51.h>
unsigned char code table[]={0x3f,0x06,0x5b,0x4f,0x66,0x6d,0x7d,0x07,0x7f,0x6f};
unsigned char Second;
void delay1s()
{
    unsigned char i,j,k;
    for(k=100;k>0;k--)
    for(i=20;i>0;i--)
    for(j=248;j>0;j--);
}
void main()
{
    Second=0;
    P0=table[Second/10];
    P2=table[Second%10];
    while(1)
    {
      delay1s();
      Second++;
      if(Second==60)
      {
        Second=0;
      }
     P0=table[Second/10];
    P2=table[Second%10];
    }
}
```

2. 动态显示方式的秒表

下面用动态显示的方式来实现秒表的功能。用两位 LED 数码管显示"秒表",显示时间为 00～99,每秒自动加 1。一个"开始/暂停"键,一个"清 0"键。

数码管仍为共阴极,其中开始键连接在 P1.1 引脚、清 0 键连接在 P1.0 引脚、公共端连接在 P2.0 和 P2.1 上、数码管的各段连接在 P0 口。

参考程序如下:

```
#include<reg51.h>
#define uchar unsigned char
sbit start = P1^1;
sbit stop = P1^0;
uchar code delatab[] = {0x3f,0x06,0x5b,0x4f,0x66,0x6d,0x7d,0x07,0x7f,0x6f,0x40};
                                        //数字编码 0~9
uchar code welatab[] = {0xfe,0xfd};     //位控制字
uchar msec,sec;
voide delay(uchar time)                 //延时
{
uchar i,j;
for(i = 0;i<time;i++);
  {
    for(j = 0;j<110;j++);
  }
}
void writeled(uchar mun,addr)
{
P2 = 0xff;                              //关显示
P0 = dulatab[num];                      //送数据
P2 = welatab[addr];
delay(4);
}
void display(uchar sec)
{
 uchar sech,secl;
 sech = sec/10;
 secl = sec % 10;
 writeled(sech,0);
 writeled(secl,1);
}
void init()
{
  TMOD = 0x10;                          //定时器 1 工作方式 1
  TH1 = 0xd8;
  TL = 0xf0;                            //延时初始化设置
  EA = 1;                               //开总开关
  ET1 = 1;                              //开定时
```

```
}
void keyscan()
{
    if(start == 0)
{   delay(2);
    if(start == 0)
    {
    TR = ~TR1;
    while(start == 0)
    {
        dislay(sec);                    //延时防抖
    }
    }
}
if(stop == 0&&TR1 == 0)
    {
        delay(2);                       //延时防抖
    if(stop == 0)
    {
        sec = 0;
        while(stop == 0)
        {
            display(sec);
        }
    }
    }
}
void main()
{
  init()
while(1)
 {
  display(sec);
  keyscan();
 }
}
void timer1()interrupt 3
{
```

```
TH1 = 0xd8;
TL1 = 0xf0;
msec ++ ;
if(msec == 100)
{
 msec = 0;
 sec ++ ;
 if(sec == 100)
 {
  sec = 0;
 }
}
}
```

4.4 LED 大屏幕

4.4.1 LED 大屏幕显示器的结构和原理

LED 大屏幕显示器不仅能显示文字,还可以显示图形、图像,并且能产生各种动画效果,是广告宣传、新闻传播的有力工具。LED 大屏幕显示器不仅有单色显示,还有彩色显示,其应用越来越广泛,已渗透到人们的日常生活之中。

LED 点阵显示器是把很多 LED 发光二极管按矩阵方式排列在一起,通过对每个 LED 进行发光控制,完成各种字符或图形的显示。最常见的 LED 点阵显示模块有 5×7(5 列 7 行),7×9(7 列 9 行),8×8(8 列 8 行)结构。如图 4-10 所示 8×8 点阵的外观及引脚图。

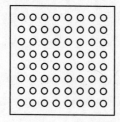 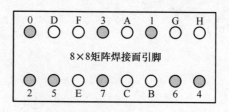

图 4-10 8×8 点阵的外观及引脚图

LED 点阵由一个一个的点(LED 发光二极管)组成,总点数为行数与列数之积,引脚数为行数与列数之和。

我们将一块 8×8 的 LED 点阵剖开来看,其内部等效电路如图 4-11 所示。它由 8 行 8 列 LED 构成,对外共有 16 个引脚,其中 8 根行线(Y0～Y7)用数字 0～7 表示,8 根列线(X0～X7)用字母 A～H 表示。

　　LED 点阵显示系统中各模块的显示方式：有静态和动态显示两种。静态显示原理简单、控制方便，但硬件接线复杂，在实际应用中一般采用动态显示方式，动态显示采用扫描的方式工作，由峰值较大的窄脉冲电压驱动，从上到下逐次不断地对显示屏的各行进行选通，同时又向各列送出表示图形或文字信息的列数据信号，反复循环以上操作，就可显示各种图形或文字信息。

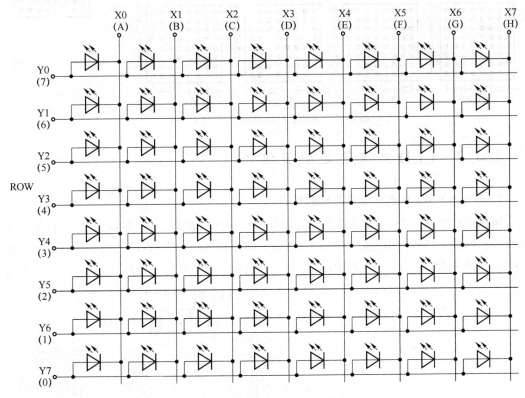

图 4-11　LED 点阵等效电路

　　点阵式 LED 汉字广告屏绝大部分是采用动态扫描显示方式，这种显示方式巧妙地利用了人眼的视觉暂留特性。将连续的几帧画面高速的循环显示，只要帧速率高于 24 帧/秒，人眼看起来就是一个完整的，相对静止的画面。最典型的例子就是电影放映机。在电子领域中，因为这种动态扫描显示方式极大的缩减了发光单元的信号线数量，因此在 LED 显示技术中被广泛使用。

　　以 8×8 点阵模块为例，说明一下其使用方法及控制过程。图 4-12 中，红色水平线 Y0、Y1、…、Y7 称为行线，接内部发光二极管的阳极，每一行 8 个 LED 的阳极都接在本行的行线上。相邻两行线间绝缘。同样，蓝色竖直线 X0、X1、…、X7 称为列线，接内部每列 8 个 LED 的阴极，相邻两列线间绝缘。

　　在这种形式的 LED 点阵模块中，若在某行线上施加高电平（用"1"表示），在某列线上施加低电平（用"0"表示）。则行线和列线的交叉点处的 LED 就会有电流流过而发光。比如，Y7 为 1，X0 为 0，则右下角的 LED 点亮。再如 Y0 为 1，X0 到 X7 均为 0，则最上面一行 8 个 LED 全点亮。

　　现描述一下用动态扫描显示的方式，显示字符"B"的过程。其过程如图 4-12 所示。

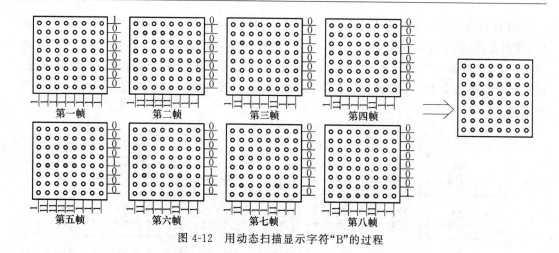

图 4-12 用动态扫描显示字符"B"的过程

4.4.2 LED 大屏幕显示器接口

1. 一个 8×8LED 点阵与单片机的接口

用单片机控制一个 8×8LED 点阵需要使用两个并行端口,一个端口控制行线,另一个端口控制列线。具体应用电路如图 4-13 所示。每一块 8×8LED 点阵式电子广告牌有 8 行 8 列共 16 个引脚,采用单片机的 P1 口控制 8 条行线,P0 口控制 8 条列线。

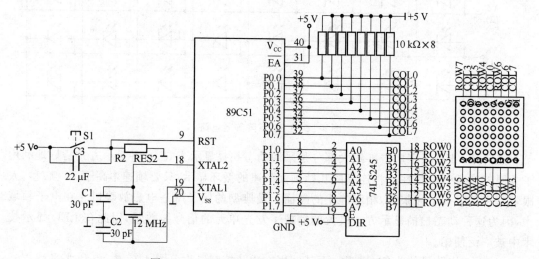

图 4-13 8×8LED 点阵式电子广告牌控制电路

2. LED 大屏幕显示的扩展

若干个 8×8LED 点阵显示模块进行简单的拼装,可以构成各种尺寸的大屏幕显示屏,如 16×16、32×32、64×16、128×32 等点阵尺寸,来满足用户的需求。

LED 大屏幕显示仍然采用动态扫描来实现。由于单片机不能提供足够的电流来驱动 LED 点阵大屏幕中急剧增多的发光二极管,需要为大尺寸的 LED 点阵显示屏设计行驱动电路和列输出驱动电路,以 16×16 LED 点阵显示屏为例介绍如下。

16×16 LED 点阵屏是由 4 个 8×8 LED 点阵屏组成。如图 4-14 所示。将上面两片

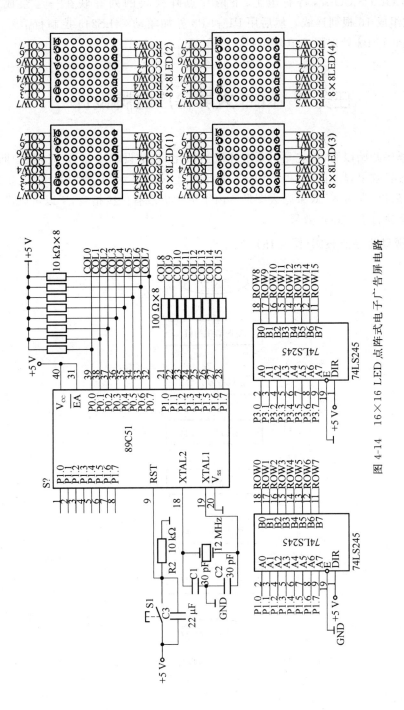

图 4-14 16×16 LED 点阵式电子广告屏电路

8×8 LED 点阵模块的行并联在一起组成 ROW0～ROW7,下面两片电子模块的行并联在一起组成 ROW8～ROW15,由此组成 16 根行扫描线;将左边上、下两片点阵模块的列并联在一起组成 COL0～COL7,将右边上、下两片点阵模块的列并联在一起组成 COL8～COL15,由此组成 16 根列连线。然后用 P1 和 P3 外加驱动 74LS245 控制行信号 ROW0～ROW15,用 P0 和 P2 外加限流电阻控制列信号 COL0～COL15。

任务6　LED 大屏幕广告牌设计

系统主程序开始以后,首先是对系统环境初始化,包括设置串口、定时器、中断和端口;然后以"卷帘出"效果显示图形,停留约 3 s;接着向上滚动显示"我爱单片机"这 5 个汉字及一个图形,然后以"卷帘入"效果隐去图形。由于单片机没有停机指令,所以可以设置系统程序不断的循环执行上述显示效果。

1. 显示驱动程序流程图(图 4-15)

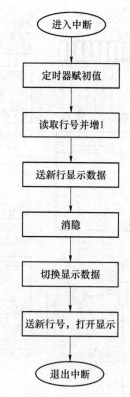

图 4-15　显示驱动程序流程图

显示驱动程序:
- - - - - - - - - - - - - - - - - - - -

多个 16 * 16 LED 显示演示程序

MCU AT89C51　XAL 24 MHz

//以下程序能实现多个 16 * 16LED 屏的多个字符显示,显示方式有整行上移、帘入帘出、左移、右移//

```
#include "reg52.h"
#define BLKN 8              //列锁存器数(=LED 显示字数 * 2)
#define TOTAL 20            //待显示字个数,本例共 20 个
#define CONIO P1            //显示控制口
sbit G = CONIO^7;          //CONIO.7 为 154 译码器显示允许控制信号端口,0 时输
                            //  出,1 时输出全为高阻态.
sbit CLK = CONIO^6;        //CONIO.6 为 595 输出锁存器时钟信号端,1 时输出数据,
                            //  从 1 到 0 时锁存输出数据.
sbit SCLR = CONIO^5;       //CONIO.5 为 595 移位寄存器清零口,平时为 1,为 0 时,输
                            //  出全为 0.
unsigned char idata dispram[(BLKN/2) * 32] = {0};//显示区缓存,四字共 4 * 32 单元
//
/*********** 显示屏扫描(定时器 T0 中断)函数 ***********/
void leddisplay(void)interrupt 1 using 1
{
register unsigned char m,n = BLKN;
TH0 = 0xFc;                //设定显示屏刷新率每秒 62.5 帧(16 毫秒每帧)
TL0 = 0x18;
m = CONIO;                 //读取当前显示的行号
m = ++m & 0x0f;            //行号加 1,屏蔽高 4 位
do {
   n--;
   SBUF = dispram[m * 2 + (n/2) * 30 + n];//送显示数据
   while(! TI);TI = 0;
   }while(n);               //完成一行数据的发送
G = 1;                      //消隐(关闭显示)
CONIO &= 0xf0;              //行号端口清零
CLK = 1;                    //显示数据打入输出锁存器
CONIO |= m;                 //写入行号
CLK = 0;                    //锁存显示数据
G = 0;                      //打开显示
}
//
```

2. 系统主程序流程图(图 4-16)

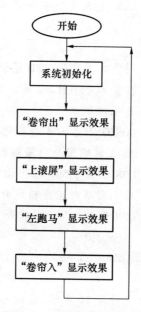

图 4-16　系统主程序流程图

系统主程序：

```
/ ********** 主函数 ********** /
void main(void)
{
register unsigned char i,j,k,l,q,w;
//初始化
SCON  = 0x00;            //串口工作模式 0：移位寄存器方式
TMOD = 0x01;             //定时器 T0 工作方式 1：16 位方式
TR0 = 1;                 //启动定时器 T0
CONIO = 0x3f;            //CONIO 端口初值
IE = 0x82;               //允许定时器 T0 中断
//
while(1)
  {
delay(2000);            //2 秒
//第一种显示效果：卷帘出显示笑脸图案
  for(i = 0;i<32;i++)
    {
    for(q = 0;q<BLKN/2;q++){dispram[i+q*32] = Bmp1[5][i];}
      if(i%2)delay(120);
    }
```

```
delay(1000);
//卷帘出显示文字,每次字数为 BLKN/2,共显示 TOTAL * 2/BLKN 次
for(w = 0;w<TOTAL * 2/BLKN;w ++)
{
for(i = 0;i<32;i ++)
    {
    for(q = 0;q<BLKN/2;q ++){dispram[i + q * 32] = Bmp[q + w * BLKN/2][i];}
      if(i % 2)delay(120);
    }
delay(3000);
}
//第一种显示效果:卷帘出显示笑脸图案
  for(i = 0;i<32;i ++)
    {
    for(q = 0;q<BLKN/2;q ++){dispram[i + q * 32] = Bmp1[5][i];}
      if(i % 2)delay(120);
    }
delay(1000);
//第二种显示效果:向上滚屏,每次 BLKN/2 个字
  for(i = 0;i<TOTAL * 2/BLKN;i ++)
    {
    for(j = 0;j<16;j ++)
      {
      for(k = 0;k<15;k ++)
        {
        for(q = 0;q<BLKN/2;q ++)
        {dispram[k * 2 + q * 32] = dispram[(k + 1) * 2 + q * 32];dispram[k * 2 + 1
+ q * 32] = dispram[(k + 1) * 2 + 1 + q * 32];}
        }
      for(q = 0;q<BLKN/2;q ++)
        {dispram[30 + q * 32] = Bmp[q + i * BLKN/2][j * 2];dispram[31 + q * 32] =
Bmp[q + i * BLKN/2][j * 2 + 1];}
      delay(100);
      }
    delay(3000);//滚动暂停
    }
  //第一种显示效果:卷帘出黑屏
    for(i = 0;i<32;i ++)
      {
```

```
            for(q = 0;q<BLKN/2;q++){dispram[i+q*32] = 0xff;}
              if(i%2)delay(120);
            }
    delay(1000);
    //第三种显示效果:左移出显示
      for(i = 0;i<TOTAL;i++)
        {
        for(j = 0;j<2;j++)
          for(k = 0;k<8;k++)
            {
            for(l = 0;l<16;l++)
              {
              for(q = 0;q<BLKN/2;q++)
                {
                dispram[l*2+q*32] = dispram[l*2+q*32]<<1 | dispram[l
*2+1+q*32]>>7;
                if(q == BLKN/2-1)dispram[l*2+1+q*32] = dispram[l*2+1+
q*32]<<1 | Bmp[i][l*2+j]>>(7-k);
                else dispram[l*2+1+q*32] = dispram[l*2+1+q*32]<<1 |
dispram[l*2+(q+1)*32]>>7;
                }
              }
            delay(100);
            }
        }
    delay(3000);
    //第一种显示效果:卷帘出黑屏
      for(i = 0;i<32;i++)
        {
        for(q = 0;q<BLKN/2;q++){dispram[i+q*32] = 0xff;}
          if(i%2)delay(120);
        }
    delay(1000);
    //第三种显示效果:右移出显示
      for(i = 0;i<TOTAL;i++)
        {
        for(j = 2;j>0;j--)
          for(k = 0;k<8;k++)
            {
```

```
    for(l = 0;l<16;l++)
      {
      for(q = 0;q<BLKN/2;q++)
        {
        dispram[l*2+1+q*32] = dispram[l*2+1+q*32]>>1 | dis-
pram[l*2+q*32]<<7;
          if(q==0)dispram[l*2+q*32] = dispram[l*2+q*32]>>1 |
Bmp[i][l*2+j-1]<<(7-k);
          else dispram[l*2+q*32] = dispram[l*2+q*32]>>1 | dis-
pram[l*2+1+(q-1)*32]<<7;
        }
      }
    delay(100);
    }
  }
delay(3000);
//第四种显示效果:卷帘入
for(i = 0;i<32;i++)
  {
  for(q = 0;q<BLKN/2;q++)
    {dispram[i+q*32] = 0x00;}
    if(i%2)delay(100);
  }
 }
}
```

第5章 定时器/计数器的使用

5.1 定时器/计数器的使用

5.1.1 定时器/计数器的设置及控制

51 单片机内部有两个 16 位可编程的定时器/计数器,即定时器/计数器 T0 和定时器/计数器 T1。52 单片机内部多一个定时器/计数器 T2。它们既有定时功能也有计数功能,通过设置与它们先关的特殊功能寄存器可以选择启动定时功能或计数功能。定时器是单片机内部独立的一个硬件部分,它与 CPU 和晶振通过内部某些控制连线连接并相互作用,CPU 一旦设置开启定时功能后,定时器便在晶振的作用下自动开始计时,当定时器的计数器计满后,会产生中断,通知 CPU 处理相应的中断服务程序。

定时器/计数器的计数脉冲信号有两个来源,一个是由系统的时钟振荡器输出脉冲经 12 分频后送来的信号;一个是由 T0 或 T1 引脚输入的外部脉冲信号。当 T0 或 T1 用作计数器时,对从芯片引脚 T0(P3.4)或 T1(P3.5)上输入的脉冲进行计数,外部脉冲的下降沿将触发计数,每输入一个脉冲,加 1 计数器加 1。计数器对外部输入信号的占空比没有特别的限制,但必须保证输入信号的高电平与低电平的持续时间都在一个机器周期以上。用做定时器时,加 1 计数器是对内部机器周期计数(12 个时钟周期为一个机器周期)。定时器产生一次中断的时间就等于计数值 N 乘以机器周期 T_{cy}。

单片机在使用定时器或计数器功能时,通常需要设置两个与定时器有关的寄存器:定时器/计数器工作方式寄存器 TMOD 与定时器/计数器控制寄存器 TCON。TMOD 是定时器/计数器的工作方式寄存器,确定工作方式和功能;TCON 是控制寄存器,控制 T0、T1 的启动和停止及设置溢出标志。其结构框图如图 5-1 所示。

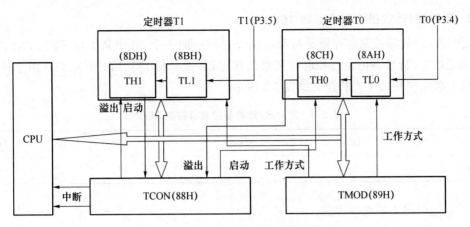

图 5-1 单片机定时器/计数器结构框图

1. 定时器/计数器工作方式寄存器 TMOD(表 5-1)

表 5-1 定时器/计数器工作方式寄存器 TMOD

位序号	D7	D6	D5	D4	D3	D2	D1	D0
位符号	GATE	C/$\overline{\text{T}}$	M1	M0	GATE	C/$\overline{\text{T}}$	M1	M0
——	高 4 位设置定时器 1				低 4 位设置定时器 0			

GATE:门控制位。

GATE=0,定时器/计数器启动和停止仅受 TCON 寄存器中 TR1 和 TR0 控制。

GATE=1,定时器/计数器启动和停止除了受 TCON 寄存器中 TR1 和 TR0 控制外还受外部中断引脚(INT0 和 INT1)上的电平控制。

C/$\overline{\text{T}}$:定时器模式和计数器模式选择位。

C/$\overline{\text{T}}$=1,选择计数器模式。

C/$\overline{\text{T}}$=0,选择定时器模式。

M1M0:工作方式选择位。

每个定时器/计数器都有 4 种工作方式,它们由 M1M0 设定,具体设置和功能如表 5-2 所示。

表 5-2 定时器/计数器的 4 种工作方式

M1	M2	工作方式
0	0	方式 0,为 13 位定时器/计数器
0	1	方式 1,为 16 位定时器/计数器
1	0	方式 2,8 位初值自动重装的 8 位定时器/计数器
1	1	方式 3,仅适用于 T0,分成两个 8 位计数器,T1 停止计数

2. 定时器/计数器控制寄存器 TCON

定时器/计数器控制寄存器是特殊功能寄存器中的一个,其中高 4 位 TF1、TR1、TF0、TR0 为定时器/计数器的运行控制位和溢出标志位,低 4 位 IE1、IT1、IE0、IT0 用于外部中断。其中高 4 位和低 4 位的含义如表 5-3 所示。

表 5-3 定时器/计数器控制寄存器 TCON

位序号	D7	D6	D5	D4	D3	D2	D1	D0
位符号	TF1	TR1	TF0	TR0	IE1	IT1	IE0	IT0

TF1:定时器 1 溢出标志位。

当定时器 1 计满溢出时,由硬件使 TF1 置 1,并且申请中断。进入中断服务程序后,由硬件自动清 0。使用定时器的中断,完全不用人为去操作,如果使用软件查询方式,当查询到该位置 1 后,就需要软件清 0。

TR1:定时器 1 运行控制位。

可用指令 TR1 置位或清"0",即可启动或者关闭 T1 的运行。

TF0:定时器 0 溢出标志位。其功能及操作方法同 TF1。

TR0:定时器 0 运行控制位。其功能及操作方法同 TR1。

IE1:外部中断 1 请求标志。

当 IT1=0 时,为电平触发方式,每个机器周期的 S5P2 采样 INT1 引脚,若 INT1 脚为低电平,则置 1,否则 IE1 清 0。

当 IT1=1 时,INT1 为跳变沿触发方式,当第一个机器周期采样到 INT1 为低电平时,则 IE1 置 1。IE1=1,表示外部中断 1 正在向 CPU 申请中断。当 CPU 响应中断,转向中断服务程序时,该位由硬件清 0。

IT1:外部中断 1 触发方式选择位。

IT1=0,为电平触发方式,引脚 INT1 上低电平有效。

IT1=1,为跳变触发方式,引脚 INT1 上的电平从高到低的负跳变有效。

IE0:外部中断 0 请求标志,其功能及操作方法同 IE1。

IT0:外部中断 0 触发方式选择位,其功能及操作方法同 IT1。

5.1.2 定时器/计数器的工作方式

定时器/计数器的工作方式有 4 种,下面分别介绍如下。

1. 工作方式 0

通过设置 TMOD 寄存器中的 M1M2 位为 00 选择定时器方式 0,方式 0 的计数位数是 13 位,对 T0 来说,由 TL0 寄存器的低 5 位(高 3 位未用)和 TH0 的 8 位组成。TL0 的低 5 位溢出时向 TH0 进位,TH0 溢出时,位置 TCON 中的 TF0 标志,向 CPU 发出中断请求,接下来 CPU 进行中断处理。在这种情况下,只要 TR0 为 1,那么计数就不会停止。这就是定时器的工作方式 0 的工作过程。其逻辑结构框图如图 5-2 所示。

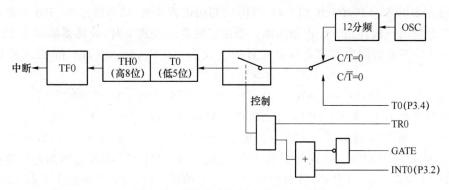

图 5-2　定时器工作方式 0 逻辑框图

接下来讲解如何计算定时器的初值问题。由于定时器方式 0 为 13 位计数器,即最多能装载的数为 $2^{13}=8\,192$ 个,当 TL0 和 TH0 的初始值为 0 时,最多经过 8192 个机器周期计数器就会溢出一次,向 CPU 申请中断。当用定时器的方式 0 时,设机器周期为 T_{cy},定时器产生一次中断的时间为 t,那么需要计数的个数 $N=t/T_{cy}$,装入 THX 和 TLX 中的数分别为

$$THX=(8\,192-N)/32, HLX=(8\,192-N)\%32$$

若时钟频率为 11.059 2 MHz,那么机器周期为 $12\times(1/110\,592)\approx1.085\,1\ \mu s$(12 个时钟周期为一个机器周期),若 $t=5$ ms,那么 $N=5\,000/1.085\,1\approx4\,607$,这是晶振在 11.059 2 MHz 下定时 5 ms 时初值的计算方法。上式中对 32 求模是因为定时器在工作方式 0 为 13 位定时器/计数器,计数时只使用了 TL0 的低 5 位,这 5 位中最多装载 32 个数,再加 1 便会进位,对 32 求模计入高 8 位 THX,对 32 求余计入低 5 位 TLX。

2. 工作方式 1

通过设置 TMOD 寄存器中的 M1M2 位为 01 选择定时器方式 1。方式 1 的计数位数是 16 位,对 T0 来说,由 TL0 寄存器作为低 8 位、TH0 寄存器作为高 8 位,组成了 16 位加 1 计数器。分析上面的逻辑图,当 GATE=0,TR0=1 时,TL0 便在机器周期的作用下开始加 1 计数,当 TL0 计满后向 TH0 进一位,直到把 TH0 也计满,此时计数器溢出,置 TF0 为 1,接着向 CPU 申请中断,接下来 CPU 进行中断处理。在这种情况下,只要 TR0 为 1,那么计数就不会停止。这就是定时器的工作方式 1 的工作过程。其逻辑结构框图如图 5-3 所示。

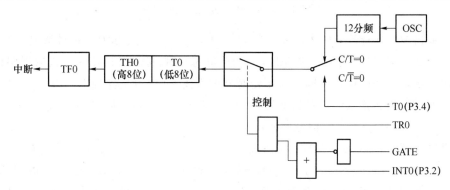

图 5-3　定时器工作方式 1 逻辑框图

接下来讲解如何计算定时器的初值问题。由于定时器方式 1 为 16 位计数器,即最多能

装载的数为 $2^{16}=65\,536$ 个,当 TL0 和 TH0 的初始值为 0 时,最多经过 65 536 个机器周期计数器就会溢出一次,向 CPU 申请中断。当用定时器的方式 1 时,设机器周期为 T_{cy},定时器产生一次中断的时间为 t,那么需要计数的个数 $N=t/T_{\text{cy}}$,装入 THX 和 TLX 中的数分别为

$$THX=(65\,536-N)/256,HLX=(65\,536-N)\%256$$

若时钟频率为 11.059 2 MHz,那么机器周期为 $12\times(1/110\,592)\approx1.085\,1\ \mu s$(12 个时钟周期为一个机器周期),若 $t=50$ ms,那么 $N=50\,000/1.085\,1\approx45\,872$,这是晶振在 11.059 2 MHz 下定时 50 ms 时初值的计算方法。上式中对 256 求模是因为定时器在工作方式 1 为 16 位定时器/计数器,计数时使用了 TL0 的低 8 位,这 8 位中最多装载 256 个数,再加 1 便会进位,对 256 求模计入高 8 位 THX,对 256 求余计入低 8 位 TLX。

3. 工作方式 2

通过设置 TMOD 寄存器的 M1M2 位为 10 选择定时器方式 2,方式 2 被称为 8 位初值自动重装的 8 位定时器/计数器。THX 是重置初值的 8 位缓冲器,当 TLX 计数溢出时,在溢出标志位 TF0 置 1 的同时,还自动将 THX 中保存的初值装入 TLX,进入新一轮计数,如此重复循环不止。由于在工作方式 0 和工作方式 1 下,每次计数溢出后,计数器自动复位为 0,要进行新一轮计数,必须重置计数初值,既影响定时时间精度,又导致编程麻烦。工作方式 2 克服了上述问题,不用重置计数初值,适用于较精确的定时场合。其逻辑结构框图如图 5-4 所示。

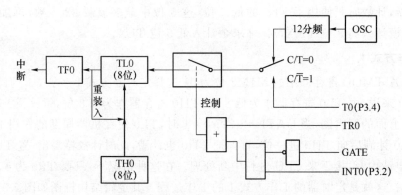

图 5-4　定时器工作方式 2 逻辑框图

接下来讲解如何计算定时器的初值问题。由于定时器方式 2 为 8 位计数器,即最多能装载的数为 $2^{8}=256$ 个,当 TL0 和 TH0 的初始值为 0 时,最多经过 256 个机器周期计数器就会溢出一次,向 CPU 申请中断。当用定时器的方式 2 时,设机器周期为 T_{cy},定时器产生一次中断的时间为 t,那么需要计数的个数 $N=t/T_{\text{cy}}$,装入 THX 和 TLX 中的数分别为

$$THX=256-N,HLX=256-N$$

若时钟频率为 11.059 2 MHz,那么机器周期为 $12\times(1/110\,592)\approx1.085\,1\ \mu s$(12 个时钟周期为一个机器周期),以计时 1 s 为例,假设计 250 个数中断一次,需耗时 $1.085\,1\times250=271.275\ \mu s$ 即 $t=271.275\ \mu s$,那么 $N=271.275/1.085\,1=250$。再来计算定时 1 s 时计数器溢出多少次,即 $1\,000\,000/271.275\approx3\,686$。这是晶振在 11.059 2 MHz 下定时 1 s 时初值的计算方法。

4. 工作方式 3

方式 3,仅适用于定时器/计数器 T0,当设定定时器 T1 处于方式 3 时,定时器 T1 不计数。方式 3 将 T0 分成两个 8 位计数器 TL0 和 TH0。通过设置 TMOD 寄存器中的 M1M2 位为 11 选择定时器方式 3,方式 3 时定时器 T0 被分成两个独立的计数器。其中 TL0 为正常的 8 位计数器,计数溢出置位 TF0,并向 CPU 申请中断,之后再重装初值。TH0 也被固定为一个 8 位计数器,由于 TL0 已经占用了 TF0 和 TR0,因此这里的 TH0 将占用定时器 T1 的中断请求标志 TF1 和 TR1。由于定时器 T0 在方式 3 时会占用定时器 T1 的中断标志位 TF1,为了避免中断冲突,当 T0 工作在方式 3 时,T1 一定不要用在有中断的场合。其逻辑结构框图如图 5-5 所示。

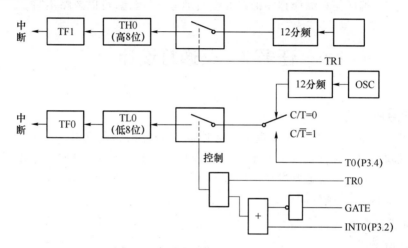

图 5-5　定时器工作方式 3 逻辑框图

接下来讲解如何计算定时器的初值问题。工作方式 3 定时器初值的计算和工作方式 2 相同。同学们可以参照工作方式 2 计算定时器初值的方法。对工作在方式 3 下的定时器的初值进行赋值。

5.1.3　定时器/计数器的初始化

1. 定时器/计数器的初始化

在写单片机的定时器程序时,在程序开始处需要对定时器及中断寄存器做初始化设置,通常对定时器的初始化过程如下:

(1) 对 TMOD 赋值,以确定 T0 和 T1 的工作方式。

(2) 计算初值,并将初值写入 TH0、TL0 或 TH1、TL1。

(3) 中断方式时,则对 IE 赋值,开发中断。

(4) 使 TR0 或 TR1 置位,启动定时器/计数器定时或计数。

2. 中断服务函数的写法

用 C 语言编写中断程序,先在 main 函数中直接对各位进行操作,以确定中断优先级,开启中断允许及总中断允许,格式如下:

```
void 函数名()interrupt 中断号 using 工作组
{
    中断服务程序内容
}
```

中断函数不能返回任何值,所以前面用 void,后面紧跟函数名,函数名是可以随意取的,只要不和 C 语言的关键字相同就可以。中断函数不带任何函数,所以函数名后免得小括号里的内容为空,中断号是指单片机中不同中断源的序号,这个序号是编译器识别不同中断的符号,也就是说,编译器是根据这个中断号来辨别这个中断服务程序是哪个中断源,因此这个中断号务必正确,最后面的"using 工作组"是指这个函数使用单片机内存中 4 组工作寄存器的哪一组,C51 编译器在编译程序的时候会自动分配,因此,可以忽略不写。

任务7 交通灯设计

1. 任务目的

(1)通过设计道路交通灯,让学生掌握定时器/计数器的综合应用。

(2)通过软件编程设计实现南北干道与东西干道的红黄绿三色灯时间设置,并且能够动态修改,从而达到对路口交通状况的实时控制。

(3)进一步熟练软、硬件联调方法。

2. 总体设计方案

(1)设计要求

南北、东西两干道交与一个十字路口,各干道有一组红、黄、绿三色的指示灯,指示车辆和行人安全通行。红灯亮禁止通行,绿灯亮允许通行。黄灯亮提示人们注意红、绿灯的状态即将切换,切黄灯燃亮时间为东西南北两干道的公共停车时间。指示灯燃亮的方案如表 5-4 所示。

表 5-4 交通道路路口交通灯点亮示意表

交通信号灯工作模式					
时间 方向	12 s	3 s	12 s	3 s	…
南北向	绿灯亮	黄灯亮	红灯亮	黄灯亮	…
东西向	红灯亮	黄灯亮	绿灯亮	黄灯亮	…

(2)性能指标

① 当东西道(B 方向)为红灯,此道车辆和行人禁止通行;南北道(A 方向)为绿灯,此道车辆和行人通过,通行时间为 12 秒。

② 黄灯闪烁 3 秒,警示车辆和行人,红、绿灯状态即将切换。

③ 当东西道(B 方向)为绿灯,此道车辆和行人通行;南北方向为红灯,南北道(A 方向)车辆和行人禁止通行。时间为 12 秒。

④ 黄灯闪烁 3 秒,警示车辆和行人,红、绿灯状态即将切换。

⑤ 按照上表的时间要求,红、绿、黄灯依次出现这样行人和车辆就能安全畅通的通行。

⑥ 此表可根据车辆通行车辆的多少动态设定红绿灯时长。

(3)硬件规范

单片机:单片机要求选用 STC89C52RC,它与 8051 系列单片机全兼容,但其内部带有 8 KB 的 FLASH ROM,设计时无须外接程序存储器,为设计和调试带来极大的方便。

LED 显示系统:用两个数码管显示两个车道的通行时间,设计时可利用单片机的 P0 口和 P2 口作为字段和片选信号输出,经驱动芯片后驱动数码管显示倒计时时间。

此外要求配置一个非程序复位电路。电源供电系统本系统采用 USB～5 V 直流稳压电源供电,这样可以优化设计过程。

3. 交通灯开发步骤

针对上述总体设计方案的相关要求,拟定以下开发步骤:

第一步:确定原理框图即方案的总体设计。

第二步:对硬件电路进行设计。

第三步:对软件控制进行设计。

第四步:将程序编写完成编译无误后烧录至单片机芯片中,然后根据方案的设计要求进行程序调试和修改,最终达到方案设计要求。

4. 交通灯设计

(1)总体设计

1)交通灯控制系统框图

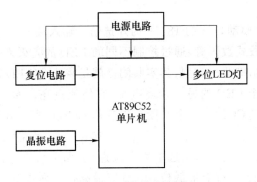

图 5-6　系统控制框图

(2)硬件设计

1)交通灯与控制状态对应关系(表 5-5)

表 5-5　交通灯与控制状态关系

控制状态	P1	P1.7	P1.6	P1.5	P1.4	P1.3	P1.2	P1.1	P1.0
A 绿灯	FEH	1	1	1	1	1	1	1	0
B 红灯	FEH	1	1	1	1	1	1	1	0
黄灯	FDH	1	1	1	1	1	1	0	1

续表

控制状态	P1	P1.7	P1.6	P1.5	P1.4	P1.3	P1.2	P1.1	P1.0
A 红灯	FBH	1	1	1	1	0	0	1	1
B 绿灯	FBH	1	1	1	1	0	0	1	1
黄灯	FEH	1	1	1	1	1	1	0	1

通过调用码表来使 LED 发光二极管显示路口交通状况。

2）数码管显示电路

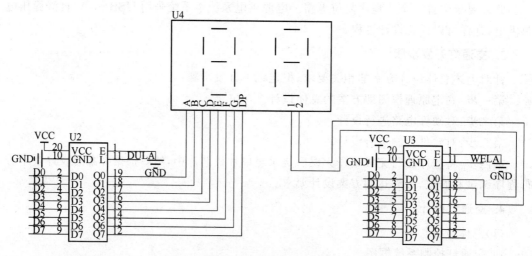

图 5-7　数码管显示控制

数码管段选由 P0 口驱动，U3 的 18、19 为片选信号输入端。

数码管采用的是七段式数码管，通过控制不同的 LED 的亮灭来显示出不同的字形。数码管又分为共阴极和共阳极两种类型，其实共阴极就是将八个 LED 的阴极连在一起即公共端 COM，这样给任何一个 LED 的另一端高电平，它便能点亮。而共阳极就是将八个 LED 的阳极连在一起即公共端 COM。一个八段数码管称为一位，多个数码管并列在一起可构成多位数码管，它们的段选线（即 a,b,c,d,e,f,g,dp）连在一起，而各自的公共端称为位选线。显示时，都从段选线送入字符编码，而选中哪个位选线，那个数码管便会被点亮。数码管的 8 段，对应一个字节的 8 位，a 对应最低位，dp 对应最高位。所以如果想让数码管显示数字 0，那么共阴数码管的字符编码为 00111111，即 0x3f；共阳数码管的字符编码为 11000000，即 0xc0。可以看出两个编码的各位正好相反。

3）单片机 STC89C52 外部接口

单片机的 18 和 19 引脚接时钟电路，19 引脚接外部晶振和微调电容的一端，在片内它是振荡器倒相放大器的输入，18 引脚接外部晶振和微调电容的另一端，在片内它是振荡器倒相放大器的输出，9 引脚是复位输入端，接上电容、电阻及开关后构成上电复位电路。P0 口驱动数码管显示，P1 口驱动交通灯，实现红绿灯的亮灭控制，P2.6 和 P2.7 为两个数码管的片选信号输出端口。

4) 系统整体电路图(图 5-8)

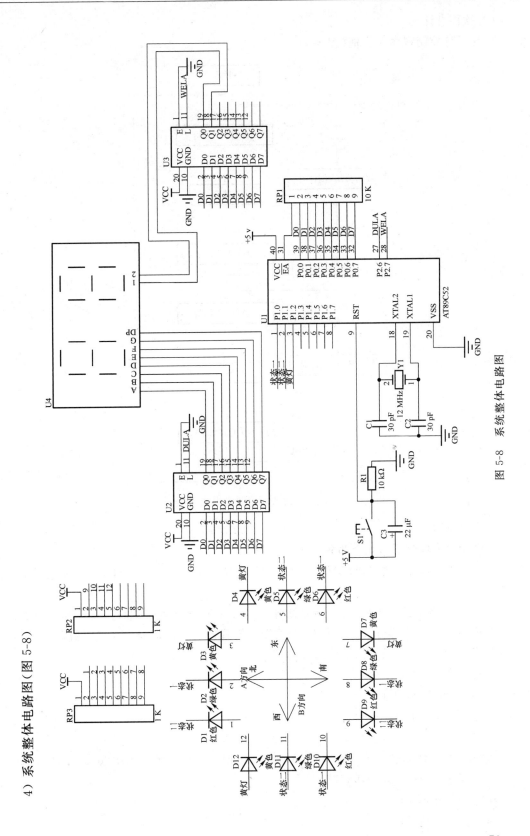

图 5-8 系统整体电路图

（3）软件设计

1）交通灯控制程序流程框（图 5-9）

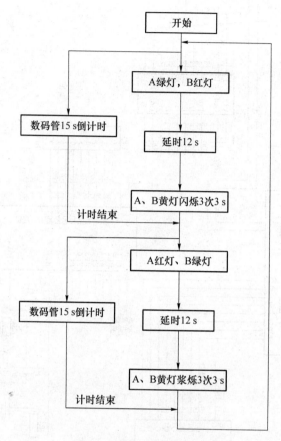

图 5-9　交通灯控制流程框图

2）程序编写

软件设计大体分下面几个部分：

① 主程序部分：主要完成定时器 T0、T1 的设置，南北干道与东西干道红、绿、黄灯的初值设定。

② 定时中断服务程序部分：使南北红灯、绿灯、黄灯，东西红灯、绿灯、黄灯的定时中断。

③ 扫描显示程序部分：P1 口为 12 个放光二极管提供驱动信号，P0 口为数码管提供段选驱动信号，P2 口为数码管提供位选驱动信号。

交通灯控制源程序如下：

```c
#include<reg52.h>
#define uchar unsigned char
#define uint unsigned int
uchar code table[] = {0x3f,0x06,0x5b,0x4f,0x66,0x6d,0x7d,0x07,0x7f,0x6f,0x77,0x7c,0x39,0x5e,0x79,0x71};
sbit dula = P2^6;
sbit wela = P2^7;
```

```
uint num1,num2,shi,ge,num;
void delayms(uint xms)
{
        uint i,j;
        for(i = xms;i>0;i--)
                for(j = 110;j>0;j--);
}
void display(uchar disnum)
{
        shi = disnum/10;
        ge = disnum % 10;
        wela = 1;
        P0 = 0xfe;
        wela = 0;
        P0 = 0xff;
        dula = 1;
        P0 = table[shi];
        dula = 0;
        delayms(5);
        wela = 1;
        P0 = 0xfd;
        wela = 0;
        P0 = 0xff;
        dula = 1;
        P0 = table[ge];
        dula = 0;
        delayms(5);
}
void main()
{
        num = 15;
        P1 = 0xfe;
        TMOD = 0x11;
        TH0 = (65536 - 45872)/256;
        TH0 = (65536 - 45872) % 256;
        TH1 = (65536 - 45872)/256;
        TL1 = (65536 - 45872) % 256;
        EA = 1;
        ET0 = 1;
```

```
            ET1 = 1;
            TR0 = 1;
            TR1 = 1;
            while(1)
            {
                if(num1 = = 20)
                {
                    num1 = 0;
                    num - - ;
                    if(num = = 0)
                    num = 15;
                }
                display(num);
            }
        }
    void T0_time()interrupt 1
    {
        TH0 = (65536 - 45872)/256;
        TL0 = (65536 - 45872) % 256;
        num1 + + ;
    }
    void T1_time()interrupt 3
    {
    TH1 =(65536 - 45872)/256;
    TL1 =(65536 - 45872) % 256;
    num2 + + ;
        if(num2 = = 240)
        {
            P1 = 0xfd;
        }
        if(num2 = = 250)
        {
            P1 = 0xff;
        }
        if(num2 = = 260)
        {
            P1 = 0xfd;
        }
        if(num2 = = 275)
```

```
    {
        P1 = 0xff;
    }
    if(num2 = = 285)
    {
        P1 = 0xfd;
    }
    if(num2 = = 300)
    {
        P1 = 0xff;
        P1 = 0xfb;
    }
    if(num2 = = 540)
    {
        P1 = 0xfd;
    }
    if(num2 = = 550)
    {
        P1 = 0xff;
    }
    if(num2 = = 560)
    {
        P1 = 0xfd;
    }
    if(num2 = = 575)
    {
        P1 = 0xff;
    }
    if(num2 = = 585)
    {
        P1 = 0xfd;
    }
    if(num2 = = 600)
    {
        P1 = 0xfe;
        num2 = 0;
    }
}
```

当硬件电路板焊接完成,软件程序编译任务完成,就要进行系统可行性测试。

（4）系统的软硬件调试

硬件电路焊接完成后对照原理图认真核实连线是否正确,有没有虚焊、漏焊等情况。确认无误后就可以进行软件调试了。程序调试完成后,将程序烧录到单片机中,烧好后将芯片安装到电路板的 DIP40 插座上,接通电源,按照方案设计的要求进行检验,发现与方案设计要求不相符的情况,对程序进行认真修改,符合方案设计的要求,最终完成本次设计。

5. 任务小结

完成本次任务后,大家可以进行适当的总结,通过总结可以明确自己取得的成绩同时发现自己的缺点和不足。在以后的学习当中,完善自己的缺点和不足,提高自己的学习水平。

第6章 中断系统

6.1 中断系统的工作原理

6.1.1 中断与中断源

1. 中断的概念

中断是单片机在处理事件 A,突然发生了事件 B,请求单片机迅速去处理事件 B,单片机停止当前的工作,转去处理事件 B,待事件 B 处理完毕后,再回到原来事件 A 被中断的地方继续处理事件 A,这一过程就是中断。我们生活中有很多中断的例子。比如你在教室自习,突然手机响了,你就放下书,去接电话,接完电话后,继续回来看书。我们把引起中断的事件称之为中断源。上例中手机响了就是一个中断源。单片机中也有一些能引起中断的事件,51 单片机有 5 个中断源,分别为两个外部中断(INT0、INT1),两个定时器/计数器中断(T0、T1),一个串行口中断(TI/RI)。52 单片机比 51 单片机多了一个定时器/计数器中断(T2)。51 单片机中断源集体如表 6-1 所示。

表 6-1　51 单片机中断源

INT0—外部中断 0	由 P3.2 端口引入,低电平或下跳沿引起
INT1—外部中断 1	由 P3.3 端口引入,低电平或下跳沿引起
T0—定时器/计数器 0 中断	由 T0 计满引起
T1—定时器/计数器 1 中断	由 T1 计满引起
TI/RI—串行口中断	串行口完成一帧字符发送/接收后引起

2. 中断优先级

单片机在执行程序过程中,同一时刻放生了两个或多个中断,单片机该先执行那个中断呢？这就需要设置中断优先级。在单片机内部有一个特殊功能寄存器,当两个或多个中断同时发生时我们可以对它的操作,来确定先执行那个中断程序。如果没有人为设置优先级寄存器的优先级,则单片机会按照默认的一套优先级自动处理。中断优先级具体如表 6-2 所示。

表 6-2　单片机中断源优先级

中断源	中断级别（默认）	序号（C 语言用）	入口地址（汇编语言用）
INT0—外部中断 0	最高	0	0003H
T0—定时器/计数器 0 中断	第 2	1	000BH
INT1—外部中断 1	第 3	2	0013H
T1—定时器/计数器 1 中断	第 4	3	001BH
TI/RI—串行口中断	第 5	4	0023H
T2—定时器/计数器 2 中断	最低	5	002BH

表中多了一个 T2，这是 52 单片机特有的。

3. 中断嵌套

中断嵌套是单片机正在执行某一个中断程序，突然，有一个比现在正在执行中断级别更高的中断发生，单片机将停止执行当前的中断程序，去执行更高级别的中断程序，执行完后再回到刚才停止的中断程序处继续执行中断程序，执行完这个中断后再返回主程序继续执行主程序。在单片机中可以进行多级嵌套。图 6-1 为两级中断嵌套。

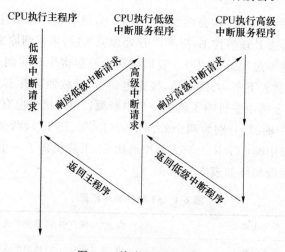

图 6-1　单片机两级嵌套

生活中有非常多嵌套的实例。例如某同学甲正在上自习，突然有另一个同学乙来找同学甲（中断请求），同学甲停止自习（中断响应），去和同学乙搭话（中断执行），在聊天过程中，同学甲的手机突然响了（中断请求），同学甲停止和同学乙聊天（中断响应），去接手机（执行中断），接完手机后继续和同学乙聊天（中断返回），聊完天后同学甲继续上自习。

在 51 单片机中，高级中断能够打断低级中断以形成中断嵌套；同级中断之间或低级中断对高级中断则不能形成中断嵌套。

6.1.2　中继寄存器及中断优先级

51 单片机在使用中断功能时，通常需要设置两个与中断有关的寄存器：中断允许寄存器 IE 和中断优先级寄存器 IP。

1. 中断允许寄存器 IE

中断允许寄存器用来设定各个中断源的打开和关闭。中断允许寄存器 IE 各位定义如表 6-3 所示。

表 6-3　中断运行寄存器 IE

位序号	D7	D6	D5	D4	D3	D2	D1	D0
位符号	EA	—	ET2	ES	ET1	EX1	ET0	EX0
位地址	AFH	—	ADH	ACH	ABH	AAH	A9H	A8H

从表中可以看出中断允许寄存器 IE 是一个 8 位寄存器,下面对 IE 进行详细的介绍。

EA:全局中断允许位。

EA=0,关闭全部中断;

EA=1,打开全局中断控制,在此条件下,由各个中断控制确定相应中断的打开或关闭;

—:无效位。

ET2:定时器/计数器 2 中断允许位。

ET2=1,打开 T2 中断;

ET2=0,关闭 T2 中断;

ES:串行扣 I/O 中断允许位。

ES=1,打开串行口 I/O 中断;

ES=0,关闭串行口 I/O 中断;

ET1:定时器/计数器 1 中断允许位。

ET1=1,打开 T1 中断;

ET1=0,关闭 T1 中断;

EX1:外部中断 1 中断允许位。

EX1=1,打开外部中断 INT1 中断;

EX1=0,关闭外部中断 INT1 中断;

ET0:定时器/计数器 0 中断允许位。

ET0=1,打开 T0 中断;

ET0=0,关闭 T0 中断;

EX0:外部中断 0 中断允许位。

EX0=1,打开外部中断 INT0 中断;

EX0=0,关闭外部中断 INT0 中断;

2. 中断优先级寄存器 IP

中断优先级寄存器 IP 是用来设定各个中断源属于两级中断中的哪一级。单片机复位时 IP 全部被清"0"。中断优先级寄存器 IP 各位定义如表 6-4 所示。

表 6-4　中断优先级寄存器 IP

位序号	D7	D6	D5	D4	D3	D2	D1	D0
位符号	—	—	—	PS	PT1	PX1	PT0	PX0
位地址	—	—	—	0BCH	0BBH	0BAH	0B9H	0B8H

—:无效位。

PS:串行口 I/O 中断优先级控制位。

PS=1,定义串行口 I/O 中断为高优先级中断;

PS=0,定义串行口 I/O 中断为低优先级中断;

PT1:定时器/计数器 1 中断优先级控制位。

PT1=1,定义定时器/计数器 1 中断为高优先级中断;

PT1=0,定义定时器/计数器 1 中断为低优先级中断;

PX1:外部中断 1 中断优先级控制位。

PX1=1,定义外部中断 1 为高优先级中断;

PX1=0,定义外部中断 1 为低优先级中断;

PT0:定时器/计数器 0 中断优先级控制位。

PT0=1,定义定时器/计数器 0 中断为高优先级中断;

PT0=0,定义定时器/计数器 0 中断为低优先级中断;

PX0:外部中断 0 中断优先级控制位。

PX0=1,定义外部中断 0 为高优先级中断;

PX0=0,定义外部中断 0 为低优先级中断;

6.1.3　中断响应处理

不同的计算机中断系统的硬件结构不同,中断响应的方式也不相同。下面从中断响应和中断处理两个阶段对中断响应处理进行讲解。

1. 中断响应

中断响应是指 CPU 对中断源中断请求的响应。CPU 只有在满足所有中断响应条件且不存在任何一种中断阻断情况时才会响应。

CPU 响应中断的条件是:(1)有中断源发出中断请求;(2)中断总允许位 EA 置 1,开总中断;(3)申请中断的中断源允许位置 1,开相应的中断。

CPU 响应中断的阻断情况有:(1)CPU 正在响应同级或更高优先级的中断;(2)当前指令未执行完;(3)正在执行中断返回或访问寄存器 IE 和 IP。

2. 中断响应处理

51 单机在满足中断响应条件且不存在任何一种中断阻断的情况下,自动调用并执行中断函数。

任务 8　外部中断控制彩灯设计

1. 任务目的

(1) 加深对中断的理解。

(2) 通过硬件、软件编程设计实现采用外部中断控制彩灯的状态变换。

(3) 进一步熟练软、硬件联调方法。

2. 总体设计方案

(1) 设计要求

采用外部中断方式控制彩灯,实现 8 个彩灯首先显示由上往下顺序移动 8 次后,所有的闪烁 3 次,后按以上规律往返执行,但是一旦外部中断触发,上述规律就要暂停运行,8 个彩灯显示由下往上顺序移动 8 次后,所有的彩灯闪烁 3 次,再回到断点处继续执行原程序,之后再继续按上述规律运行。

(2) 硬件规范

单片机:单片机要求选用 STC89C52RC,它与 8051 系列单片机全兼容,但其内部带有 8 KB的 FLASH ROM,设计时无须外接程序存储器,为设计和调试带来极大的方便。

显示系统:设计时利用单片机的 P1 输出,来控制二极管彩灯的闪烁。

此外要求配置一个非程序复位电路。电源供电系统本系统采用 USB～5 V 直流稳压电源供电,这样可以优化设计过程。

3. 外部中断控制彩灯开发步骤

针对上述总体设计方案的相关要求,拟定以下开发步骤:

第一步:确定原理框图即方案的总体设计。

第二步:对硬件电路进行设计。

第三步:对软件控制进行设计。

第四步:将程序编写完成编译无误后烧录至单片机芯片中,然后根据方案的设计要求进行程序调试和修改,最终达到方案设计要求。

4. 外部中断控制彩灯设计

(1) 总体设计

1) 外部中断控制彩灯设计系统框图(图 6-2)

(2) 硬件设计

1) 单片机 STC89C52 外部接口

单片机的 18 和 19 引脚接时钟电路,19 引脚接外部晶振和微调电容的一端,在片内它是振荡器倒相放大器的输入,18 引脚接外部晶振和微调电容的另一端,在片内它是振荡器倒相放大器的输出,9 引脚是复位输入端,接上电容、电阻及开关后构成上电复位电路。P1 口驱

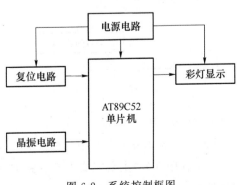

图 6-2　系统控制框图

动发光二极管,实现彩灯闪烁控制。

2)系统整体电路图(图 6-3)

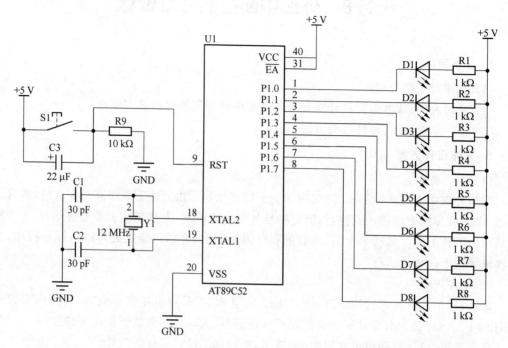

图 6-3　系统整体电路图

(3)软件设计

1)外部中断控制彩灯程序流程框图(图 6-4、图 6-5)

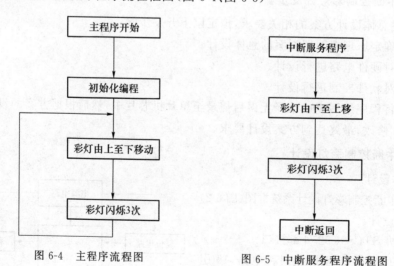

图 6-4　主程序流程图　　　　图 6-5　中断服务程序流程图

2)程序编写

软件设计大体分下面几个部分:

①主程序部分:主要完成外部中断 INT0 设置,8 个彩灯首先显示由上往下顺序移动 8 次后,所有的闪烁 3 次的设定。

② 定时中断服务程序部分：8 个彩灯显示由下往上顺序移动 8 次后，所有的彩灯闪烁 3 次的设定。

③ 扫描显示程序部分：P1 口为 8 个发光二极管提供驱动信号。

外部中断控制彩灯源程序如下：

```
#include<reg51.h>
#include<intrins.h>
#define uchar unsigned char
#define uint unsigned int
uchar aa,bb,j,i,k;
void delayms(uint xms)
{
    uint h,n;
    for(h=xms;h>0;h--)
        for(n=110;n>0;n--);
}
void main()
{
    aa=0xfe;
    EA=1;
    EX0=1;
    IT0=1;
    while(1)
    {
    for(i=8;i>0;i--)
      {
        P0=aa;
        aa=_crol_(aa,1);
        delayms(1000);
        }
    for(k=3;k>0;k--)
        {
            P0=0xff;
            delayms(500);
            P0=0;
            delayms(500);
        }
    }
}
void Ex_INT0()interrupt 0
```

```
{
    bb = 0x7f;
    for(j = 8;j>0;j--)
    {
        P0 = bb;
        bb = _cror_(bb,1);
        delayms(1000);
    }
}
```

当硬件电路板焊接完成,软件程序编译任务完成,就要进行系统可行性测试。

(4) 系统的软硬件调试

硬件电路焊接完成后对照原理图认真核实连线是否正确,有没有虚焊、漏焊等情况。确认无误后就可以进行软件调试了。程序调试完成后,将程序烧录到单片机中,烧好后将芯片安装到电路板的 DIP40 插座上,接通电源,按照方案设计的要求进行检验,发现与方案设计要求不相符的情况,对程序进行认真修改,符合方案设计的要求,最终完成本次设计。

5. 任务小结

完成本次任务后,大家可以进行适当的总结,通过总结可以明确自己取得的成绩同时发现自己的缺点和不足。在以后的学习当中,完善自己的缺点和不足,提高自己的学习水平。

第7章 键盘控制

7.1 键盘的工作原理

键盘是单片机应用系统中最常用的输入设备。单片机应用系统通常需要人机对话,例如输入命令对系统运行进行控制,将数据输入仪器等,这时就需要键盘。

键盘主要包括全编码键盘和非编码键盘两种。全编码键盘由硬件电路自动识别与键值对应的编码,具有使用方便的特点,但是价格相对较高。非编码键盘的键值识别主要是靠软件来实现,具有经济实用的特点,因此广泛应用于单片机控制系统。

通常单片机系统中所采用的键盘是由机械触点构成的。由于机械触点的弹性作用,在触点闭合和断开的瞬间都会伴随一连串的抖动。因此在抖动的过程中检测按键的状态可能会导致出错。为使单片机能正确读出键盘所接 I/O 口的状态,对每一次按键只做一次响应,则必须考虑如何去除按键过程中的抖动。常用的去抖动的方法有硬件法和软件法两种。硬件去抖是通过在按键的输出端加 RS 触发器构成去抖电路。单片机中常用软件法去除抖动,其思路是在单片机获得接某按键的 I/O 口为低电平的信息后,不是立即认定该按键已被按下,而是通过延时一段时间,比如 10ms 或更长时间后,再次检测该 I/O 口的电平。如果此时仍然为低电平,则说明该按键确实被按下。从而避免了按键按下时的前沿抖动。当释放按键后若检测到对应的 I/O 口电平为高时再延时 10 ms,消除按键释放时的后沿抖动,然后再读取键值进行处理。

键盘与单片机系统的连接按照结构主要有两类:独立式键盘和矩阵式键盘。

7.2 独立式键盘控制

独立式键盘各键相互独立,每个按键接一根 I/O 接口线,如图 7-1 所示。当无键按下时,P3 口的如图所示四个 I/O 口均通过电阻接高电平,信息为"1";如果有键按下,将使对应的 I/O 口通过该键接地,信息为"0"。因此单片机可以通过检测相应端口的 I/O 口线哪个是"0"就可识别是否有键按下,并确定是哪个键按下。并通过软件延时消抖,防止状态的误判。

下面以图 7-1 所示电路举例说明独立式键盘电路的编程实现。在本例中,控制要求如下:当有按键按下时,相对应的发光二极管点亮。即当单片机识别被按下的键后,就通过 P0 口的输出,点亮对应的发光二极管。由于本图中发光二极管的阳极接高电平,所以当对应端口输出低电平时,发光二极管才能点亮,反之熄灭。程序如下,具体编程思路见程序注释。

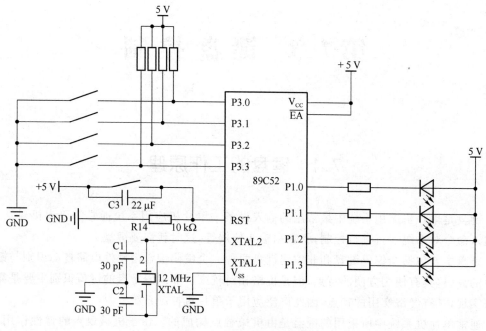

图 7-1 独立式键盘电路

```
/ * * * * * * * * * * * * * * * * * * * * * * * * * * * * * * * * * * * * * * * * * * * * /
#include<reg51.h>              //51单片机的头文件//
/ * * * * * * * * * * * * * * * * * * * * * * * * * * * * * * * * * * * * * * * * * * * * /
void delay10ms(void)            //延时程序
{
    unsigned char i,j;
    for(i = 20;i>0;i--)
    for(j = 248;j>0;j--);
}
/ * * * * * * * * * * * * * * * * * * * * * * * * * * * * * * * * * * * * * * * * * * * * /
void main()                     //主函数
{
    unsigned char x;
    P3 = 0xff;                  //键盘接口全置1
    x = 0;
    while(1)
    {
        while(x == 0)           //循环判断是否有键按下
        {
            x = P3;             //读键盘状态
            x = ~x;             //键盘状态取反
```

```
        }
    delay10ms();          //延时 10ms 去抖
    x = P3;               //再次读键盘状态
    x = ～x;              //键盘状态取反
    if(x == 0) continue;  //如果无键按下则认为是键盘抖动误操作,重新扫
                            描键盘
        switch(x)         //根据键值点亮对应的发光二极管
    {
        case 0x01:P0 = 0xfe;break;     //点亮第一个发光二极管
        case 0x02:P0 = 0xfd;break;     //点亮第二个发光二极管
        case 0x04:P0 = 0xfb;break;     //点亮第三个发光二极管
        case 0x08:P0 = 0xf7;break;     //点亮第四个发光二极管
        default:break;
    }
  }
}
/*******************************************************/
```

7.3　矩阵式键盘控制

在单片机控制系统中,通常 I/O 口线是比较宝贵的,为了减少键盘与单片机接口时所占用的 I/O 口线的数目,在按键数较多时,通常将键盘排成行列矩阵形式,如图 7-2 电路的单片机左侧电路即为一种 4 行×4 列的共 16 个按键的行列式按键电路。

通常采用扫描法来识别按键。用扫描法识别键盘按键的编程一般包括以下内容:

① 判断是否有键按下。

② 键盘扫描取得所按键的行号和列号。

③ 用计算法得到键值。

④ 判断闭合键是否释放,如没释放则继续等待。

⑤ 将闭合键的键值保存,同时转去执行该闭合键的功能。

(1)判断按键按下的方法

判断是否有键按下的方法是:向所有的列输出口线输出低电平,然后将行线的电平状态读入。若无键按下,所有的行线仍保持高电平状态;若有键按下,行线中至少应有一条线为低电平。如图 7-2 所示,若行线 0 与列线 1 交叉点的键被按下,则行线 0 与列线 1 导通,此时读入的行线 0 的信号就为低电平,表示有键按下。具体是哪个按键按下无法确定,因此接下来需要进行按键识别。

(2)识别所按键的行列号

首先往列线上按顺序一列一列的送出低电平。先送第 0 列为低电平,其他列为高电平,读入的行状态即表明了第 0 列的四个键的情况。若读入的行值全为高电平,则表示无键按

下;再送第一列为低电平,其他列为高电平,读入的行状态表明了第1列的四个键的情况;如此,依次轮流给各列送出低电平,直至4列全部送完,再从第0列开始循环。当列线1送出低电平时,读到行线0为低电平,而其他列送出低电平时,读到行线0却为高电平,据此可断定按下的键即是行线0与列线1交叉点的按键。

(3)键值的计算

键值计算可以采用公式法:即键值与列号、行号之间的关系为:键值=行号×4+列号。

下面以一个具体的例子来演示矩阵键盘的程序编写思路。控制要求:当有按键按下时候,要求数码管显示相应按下按键的键值。硬件电路如图7-2所示。

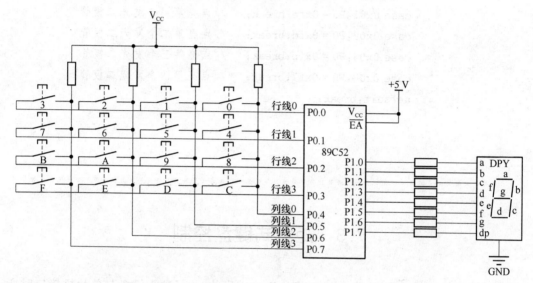

图7-2 矩阵键盘电路

```
/******************************************************/
#include<reg51.h>                    //包含51单片机的头文件
unsigned char table[] = {0x3f,0x06,0x5b,0x4f,0x66,0x6d,0x7d,0x07,0x7f,0x6f,
0x77,0x7c,0x39,0x5e,0x79,0x71};       //共阴数码管的字形码0-9,A-F
/******************************************************/
void delay10ms(void)                 //延时10ms程序
{
    unsigned char i,j;
    for(i = 20;i>0;i--)
        for(j = 248;j>0;j--);
}
/******************************************************/
void main()
{
    unsigned char tmp,key;
    P1 = 0x00;                       //熄灭数码管
    while(1)
```

```
    {
        while(tmp == 0x0f)         //循环判断是否有键按下
        {
            P0 = 0x0f;             //列输出低电平,行输出高电平
            tmp = P0;             //读取按键状态
        }
delay10ms();                      //延时去抖动
P0 = 0x0f;                        //列输出低电平,行输出高电平
if(tmp == 0x0f) continue;         //无键按下则认为是抖动,重新扫描键盘
    key = scankey();              //有键按下,调用键盘扫描程序,把键值送入变
                                    量 key
    P1 = table[key];             //利用数码管显示相应按下的键值
    }
}
/***********************************************************/
unsigned char scankey(void)       //键盘扫描子程序
{
    unsigned char scan,col,rol,tmp;
    bit flag = 0;                 //按键标志位,等于 1 表示有键按下
    scan = 0xef;                  //初始扫描码,扫描第 0 列
    for(col = 0;col<4;col++)      //从第 0 列扫到第 3 列
    {
        P0 = scan;                //向 P0 口高四位送列扫描码
        tmp = P0;                //读取键盘按键状态
        switch(tmp&0x0f)
        {
            case 0x0e:rol = 0;flag = 1;break;
                            //第 0 行有键按下,flag = 1 退出 switch
            case 0x0d:rol = 1;flag = 1;break;
                            //第 1 行有键按下,flag = 1 退出 switch
            case 0x0b:rol = 2;flag = 1;break;
                            //第 2 行有键按下,flag = 1 退出 switch
            case 0x07:rol = 3;flag = 1;break;
                            //第 3 行有键按下,flag = 1 退出 switch
        }
        if(flag == 1)break;       //有键按下,退出 for 循环
        scan =(scan<<1) + 1;      //若该列 4 行都没有键按下,取下一个列的扫
                                    描码
    }
    while(tmp! = 0x0f)            //判断按下的键是否释放,直到其释放
```

```
    {
        P0 = 0x0f;
        tmp = P0;
    }
    return(rol * 4 + col);              //返回按下的按键值
/ ************************************************************** /
```

任务9 四人抢答器的实现

前面对独立按键以及矩阵式键盘的使用做了讲解,在此基础上来完成四人抢答器这个任务。任务要求如下:开机后,LED 数码管循环显示 9-1,主持人未按键之前,选手按键失效;在主持人按下开始键后,数码管显示"—",蜂鸣器响一声,此时四位选手的按键才生效,才可以按键抢答;当有选手抢答时,蜂鸣器鸣叫,同时数码管显示该抢答选手的参赛号,2s后蜂鸣器停止发声,数码管灭,之后抢答器回到初始状态。

1. 硬件设计

本项目可采用单片机最小系统以及数码管、蜂鸣器、晶体管以及按键等器件搭建。这里利用 P1 口静态驱动共阳型数码管。通过 P2.0 与 PNP 型晶体管基极相连,晶体管发射极接电源,晶体管的集电极与蜂鸣器相连并形成闭合回路。当 P2.0 输出低电平 0 时,晶体管导通,蜂鸣器得电发出响声,当 P2.0 输出高电平 1 时,晶体管截止,蜂鸣器不得电。

P3 口的 P3.3～P3.6 接有四个按键,作为四位参赛选手的输入,采用独立式键盘方式。

P3 口的 P3.2 即外部中断 0 的输入引脚,接按键一端,按键另一端接地。作为主持人"开始键"的输入。键未按下时,P3.2 为高电平;按键按下时,P3.2 为低电平,产生中断请求,MCU检测到 INT0 引脚为低电平,相应中断,开始检测四位参赛选手的按键是否按下。主持人"开始键"未按下的话,系统不响应参赛选手的输入信号。具体硬件连接方式如图 7-3 所示。

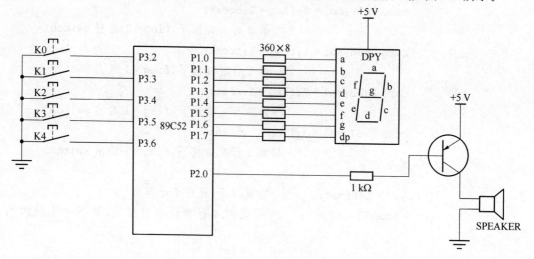

图 7-3 四人抢答器电路

2. 软件设计

主程序开始进行外部中断 0 的初始化，数码管循环显示 9～1。当主持人按下"开始键"时，产生中断请求，数码管循环显示数字 9～1 停止，显示"—"，蜂鸣器响一声，MCU 响应中断，进入中断处理程序。在中断程序中，首先关闭总中断开关 EA，屏蔽所有中断，避免在"开始键"的中断处理过程中被其他中断影响。经对"开始键"消抖后，再次检测该键是否按下，若为误操作则返回主程序，若确实有动作，则进入四位参赛选手按键是否按下的检测程序。一旦检测到某位选手按键的 I/O 口为低电平，则数码管显示该选手号，同时蜂鸣器鸣叫，2 s 后，蜂鸣器停止鸣叫，同时数码管灭，然后开总中断 EA，再次允许响应中断，返回主程序。

3. 程序代码设计

```c
/ * * * * * * * * * * * * * * * * * * * * * * * * * * * * * * * * * * * * * * * * /
#include<reg51.h>                       //包含头文件//
#include<intrins.h>
sbit EXINT0 = P3^2;                      //外部中断 INT0
sbit spk = P2^0;                         //驱动蜂鸣器
sbit K1 = P3^3;
sbit K2 = P3^4;
sbit K3 = P3^5;
sbit K4 = P3^6;
unsigned char led[] = {0xc0,0xf9,0xa4,0xb0,0x99,0x92,0x82,0xf8,0x80,0x90,
0x88,0x83,0xc6,0xa1,0x860x8e,0xbf};      //共阳数码管 0～9,A～F 字形码


/ * * * * * * * * * * * * * * * * * * * * * * * * * * * * * * * * * * * * * * * * /
void delay10ms(unsgined char ms)         //延时程序
{
    unsigned char i,j;
    for(j = ms;j>0;i-- )
    for(i = 0;i<120;j++);
}
/ * * * * * * * * * * * * * * * * * * * * * * * * * * * * * * * * * * * * * * * * /
void ISR0(void)interrupt 0               //外部中断 0 函数,0 为 INT0 的中断编号
{
    unsigned char key;
    EA = 0;                              //屏蔽所有中断,避免在按下开始键处理
                                         //过程中被其他中断影响

    delayms(10);
    if(!EXINT0 == 1)                     //如果有中断开始处理
        {
```

```
while(! EXINT0 = = 1);        //再次确认去抖
P0 = 0xbf;                    //数码管显示"-"
spk = 0;                      //蜂鸣器响
delayms(250);
spk = 1;                      //蜂鸣器停止响
key = P3;                     //读取 P3 口的按键值
while(1)
{
        if(! K1)             //一号选手按键,数码管显示 1,同时蜂鸣
                             //器响
            {
                P0 = 0xf9;
                spk = 0;
                delayms(250);
                delayms(250);
                delayms(250);
                delayms(250);
                delayms(250);
                delayms(250);
                delayms(250);
                delayms(250);
                spk = 1;
                break;
            }
        if(! K2)             //二号选手按键,数码管显示 2,同时蜂鸣
                             //器响
            {
                P0 = 0xa4;
                spk = 0;
                delayms(250);
                delayms(250);
                delayms(250);
                delayms(250);
                delayms(250);
                delayms(250);
                delayms(250);
                delayms(250);
                spk = 1;
                break;
```

```
                    }
            if(! K3)                //三号选手按键,数码管显示 3,同时蜂鸣
                                    器响
                {
                    P0 = 0xb0;
                    spk = 0;
                    delayms(250);
                    delayms(250);
                    delayms(250);
                    delayms(250);
                    delayms(250);
                    delayms(250);
                    delayms(250);
                    delayms(250);
                    spk = 1;
                    break;
                }
            if(! K4)                //四号选手按键,数码管显示 4,同时蜂鸣
                                    器响
                {
                    P0 = 0x99;
                    spk = 0;
                    delayms(250);
                    delayms(250);
                    delayms(250);
                    delayms(250);
                    delayms(250);
                    delayms(250);
                    delayms(250);
                    delayms(250);
                    spk = 1;
                    break;
                }
        }
        P0 = 0xff;                  //数码管全黑,为下一轮抢答做准备
        delayms(250);
    }
    EA = 1;                         //开总中断,再次允许响应中断
}
```

```
/**************************************************/
void main()                          //主函数
{
    unsigned char i;
    IE = 0x81;                       //开总中断和外部中断 INT0
    i = 9;
    spk = 1;                         //复位蜂鸣器
    while(1)
    {
        P0 = led[i];                 //显示 9~1
        delayms(250);
        delayms(250);
        delayms(250);
        delayms(250);
        i-- ;
        if(i == 0)
            {
                i = 9;               //当显示为 1 时,再次从 9 开始显示
            }
    }
}
/**************************************************/
```

第8章 串行通信

8.1 串行通信基础

串行通信是单片机与外界进行信息交换的一种方式,它在单片机之间以及单片机与 PC 之间通信等方面被广泛应用。所谓的串行通信即是将并行数据一位一位依次通过一对传输线传输。在实际应用当中,常常出现控制电路在控制中心,执行电路在生产现场的情况,如果采用并行通信的话,会增加较多的成本。因此在控制中会较多的采用串行通信。

8.1.1 并行通信与串行通信

1. 串行通信与并行通信

通常把计算机与外界进行信息交换称为通信,通信通常有两种方式:并行通信和串行通信,如图 8-1 所示。

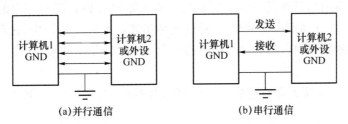

图 8-1　两种通信方式

(1)并行通信。并行通信是指将待发送数据的各位同时传送,如图 8-1(a)所示。并行通信具有传输速度快的特点,但是由于使用的传输线较多,因此成本也相对较高。此外,并行通信不支持远距离通信,主要用于近距离通信,比如计算机内部的总线结构,即 CPU 与内部寄存器及接口之间就采用并行传输。

(2)串行通信。串行通信则将数据一位一位的按顺序传送,如图 8-1(b)所示。串行通信传输速度较慢,由于使用的传输线较少,因此通信成本低。此外串行通信支持长距离传输,计算机网络中所使用的传输方式均为串行传输,单片机与外设之间大多使用各种串行接口,包括 UART、USB、I2C 以及 SPI 等。

2. 串行通信的方式

串行通信依数据传输的方向及时间关系可分为:单工通信、半双工通信和全双工通信,如图 8-2 所示。

（1）单工方式。在单工方式下，通信线的一端接发送器，一端接接收器，数据只能按照一个固定的方向传送，如图 8-2（a）所示。

（2）半双工方式。在半双工方式下，通信双方都具有发送器和接收器，但同一时刻只能有一方发送，另一方接收；两个方向上的数据传送不能同时进行，其收发开关一般是由软件控制的电子开关，如图 8-2（b）所示。

（3）全双工方式。在全双工方式下，系统的每端都有接收器和发送器，可以同时发送和接收，即数据可以在两个方向上同时传送，如图 8-2（c）所示。

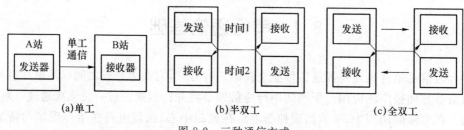

图 8-2　三种通信方式

3. 异步通信和同步通信

按照串行数据的时钟控制方式，串行通信可分为异步通信和同步通信两种。

（1）异步通信

在异步通信中，数据通常是以字符为单位组成字符帧传送的。字符帧由发送端一帧一帧地发送，每一帧数据都是低位在前，高位在后，通过传输线被接收端一帧一帧地接收。接收端和发送端可以由各自独立的时钟来控制数据的接收和发送，这两个时钟互不同步，彼此独立。

异步通信具有通信设备简单、经济的优点，但由于要传输其字符帧中的开始位和停止位，因此异步通信的开销所占比例较大，传输效率不高。在异步通信中，接收端是依靠字符帧格式来判断发送端是何时开始发送何时结束发送的。因此字符帧格式是异步通信中一个比较重要的指标。

① 字符帧。字符帧也称数据帧，由起始位、数据位、奇偶校验位和停止位等 4 部分组成，如图 8-3 所示。

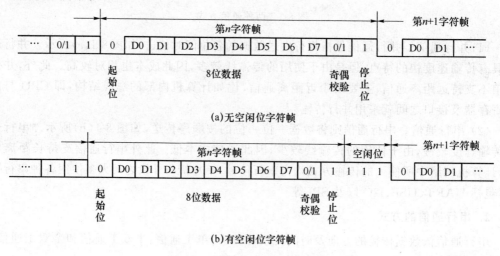

图 8-3　异步通信的字符帧格式

起始位:位于字符帧开头,只占一位,为逻辑 0 低电平,用于向接收设备表示发送端开始发送一帧信息。

数据位:紧跟起始位之后,根据情况可取 5 位、6 位、7 位或 8 位,低位在前,高位在后。

奇偶校验位:位于数据位之后,仅占一位,用来表示串行通信中采用奇校验还是偶校验,由用户编程决定。

停止位:位于字符帧最后,为逻辑 1 高电平。通常可取 1 位、1.5 位或 2 位,用于向接收端表示一帧字符信息已经发送完,也为发送下一帧做准备。

在串行通信中,两相邻字符帧之间也可以没有空闲位,也可以有若干空闲位,这由用户来决定。图 8-3(b)表示有 3 个空闲位的字符帧格式。

② 波特率。异步通信的另一个重要指标是波特率。

波特率为每秒传送二进制数码的位数,也称比特数,单位为 bit/s,即位/秒。波特率用于表示数据传输的速度,波特率越高,数据传输速度越快。但波特率和字符的实际传输速率不同,字符的实际传输速率是每秒内所传字符帧的帧数,和字符帧格式有关。

通常,异步通信的波特率为 50~19 200 bit/s。

(2) 同步通信

同步通信是一种连续串行传送数据的通信方式,一次通信只传输一帧信息。这里的信息帧和异步通信的字符帧不同,通常有若干个数据字符,如图 8-4 所示。图 8-4(a)为单同步字符帧结构,图 8-4(b)为双同步字符帧结构,但它们均由同步字符、数据字符以及校验字符 CRC 三部分组成。在同步通信中,同步字符可以采用统一的标准格式,也可以由用户约定。

同步通信具有数据传输速率较高的优点,通常可达 56 000 bit/s 或更高,其缺点是要求发送时钟和接收时钟保持严格的同步。

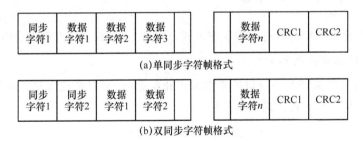

图 8-4　同步通信的字符帧格式

8.2　单片机的串行接口

MCS-51 系列单片机内部含有一个可编程全双工串行通信接口,具有 UART 的全部功能。该接口电路不仅能同时进行数据的发送和接收,也可作为一个同步移位寄存器使用。该串行通信接口有四种工作方式,可以通过软件编程设置为 8 位、10 位和 11 位的帧格式,并能设置各种波特率。

8.2.1 串行口结构

MCS-51单片机串行口结构如图8-5所示,内部有两个独立的接收、发送缓冲器SBUF。发送缓冲器只能写入不能读出,接收缓冲器只能读出不能写入,两者共用一个字节地址(99H)。此外还包括串行口控制寄存器SCON和波特率发生器,外部引脚有串行数据发送端TXD和串行数据接收端RXD。串行口控制寄存器SCON用于串行口的工作方式的控制,波特率发生器由定时器T1构成,波特率与单片机晶振频率、定时器T1设定的初值以及串行口工作方式和波特率选择位SMOD有关。

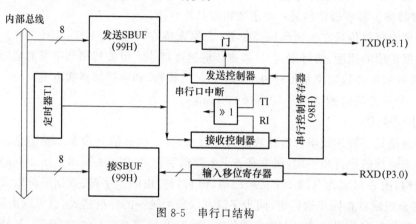

图8-5 串行口结构

8.2.2 串行口寄存器

MCS-51单片机的串行口有四种工作方式,通过写串口控制寄存器SCON来设置。

1. 串行口控制寄存器SCON

SCON寄存器用来控制串行口的工作方式和状态,它可以是位寻址。在复位时所有位被清零,字地址为98H。其格式如表8-1所示。

表8-1 SCON各位定义

地址	9F	9E	9D	9C	9B	9A	99	98
位符号	SM0	SM1	SM2	REN	TB8	RB8	TI	RI

各位定义如下:(1)SM0、SM1:串行口工作方式选择位。定义如表8-2所示。

表8-2 串行口工作方式

SM0	SM1	工作方式	功能	波特率
0	0	方式0	8位同步移位寄存器	fosc/12
0	1	方式1	10位UART	可变
1	0	方式2	11位UART	fosc/64 或 fosc/32
1	1	方式3	11位UART	可变

（2）SM2：多机通信控制位。SM2 主要用于工作方式 2 和工作方式 3。当串行口以方式 2 和方式 3 接收时，如 SM2＝1，则只在当接收到的第 9 位数据（RB8）为 1 时才将接收到的前 8 位数据送入 SBUF，并置位 RI 产生中断请求；否则将接收到的前 8 位数据丢弃。而当 SM2＝0 时，则不论第 9 位数据是 1 还是 0，都将前 8 位数据装入 SBUF 中，并产生中断请求。在方式 0 时，SM2 必须为 0。

（3）REN：允许接收控制位，由软件置位或复位。REN＝0 时，禁止串行口接收；REN＝1 时，允许串行口接收。

（4）TB8：发送数据位。在方式 2 或方式 3 中，TB8 是发送数据的第 9 位，根据发送数据的需要由软件置位或复位。它可在单机通信中作为奇偶校验位，也可在多机通信中作为发送地址帧或数据帧的标志位。多机通信时，一般这样约定：发送地址帧时，设置 TB8＝1；发送数据帧时，设置 TB8＝0。在方式 0 和方式 1 中，该位未用。

（5）RB8：接收数据位。用于在方式 2 和方式 3 时存放接收数据第 9 位。其他同发送位 TB8。

（6）TI：发送中断标志位。方式 0 时，发送电路发送完第 8 位数据时，TI 由硬件置位；在其他方式下，TI 在发送电路开始发送停止位时置位，即 TI 在发送前必须由软件复位，发送完一帧后由硬件置位。

（7）RI：接收中断标志位。方式 1 时，RI 在接收电路接收到第 8 位数据时由硬件置位，在其他方式下，RI 是在接收电路接收到停止位的中间位置时置位的，RI 也可供 CPU 查询，以决定 CPU 是否需要从 SBUF 中提取接收到的字符或数据。RI 也必须由软件进行复位。

在进行串行通信时，当一帧发送完毕时，发送中断标志置位，向 CPU 请求中断；当一帧接收完毕时，接收中断标志置位，也向 CPU 请求中断。若 CPU 允许中断，则要进入中断服务程序。CPU 事先并不能区分是 RI 请求中断还是 TI 请求中断，只有在进入中断服务程序后，通过查询来区分，然后进入相应当中断处理。

2．电源控制寄存器 PCON

PCON 寄存器主要是为 CHMOS 型单片机的电源控制设置的专用寄存器，单元地址为 87H，不能位寻址。其各位定义如表 8-3 所示。

表 8-3　PCON 各位定义

位序	8E	8D	8C	8B	8A	89	88	87
位符号	SMOD	—	—	—	GF1	GF0	PD	IDL

该寄存器中与串行通信有关的只有 SMOD 位。SMOD 位为波特率选择位。在方式 1、2 和 3 时，串行通信的波特率与 SMOD 有关。当 SMOD＝1 时，通信波特率乘以 2，当 SMOD＝0 时，波特率不变。其他各位用于电源管理：PD 是掉电控制位，PD＝1 时，则进入掉电方式；IDL 是待机方式控制位，当 IDL＝1 时，进入待机方式。GF1 和 GF0 是通用标志位，由软件置位复位。

8.2.3 串行口通信设置

1. 串行口的工作方式

MCS-51 的串行口有四种工作方式,是由控制寄存器 SCON 中的 SM1 和 SM0 来决定的。

(1) 方式 0

在方式 0 下,串行口做同步移位寄存器使用,其波特率固定为 $f_{osc}/12$。串行数据从 RXD(P3.0)端输入或输出,同步移位脉冲由 TXD(P3.1)端送出。这种方式通常用于扩展 I/O 口。

(2) 方式 1

在方式 1 时,串行口被设置为波特率可变的 8 位异步通信接口。串行口以方式 1 发送时,数据位由 TXD 端输出,发出一帧信息为 10 位,其中一位起始位、8 位数据位(先低位后高位)和一个停止位"1"。CPU 执行一条数据写入发送缓冲器 SBUF 的指令,就启动发送器发送,当发送完数据,就置中断 标志 TI 为 1。方式 1 所传送的波特率取决于定时器溢出率和特殊功能寄存器 PCON 中 SMOD 的值。当串行口设置为方式 1,且 REN=1 时,串行口处于方式 1 的输入状态。当检测到起始位有效时,开始接收一帧的其余信息。一帧信息为 10 位,其中一位起始位、八位数据位(先低位后高位)和一个停止位"1"。在方式 1 接收时,必须同时满足以下两个条件:若 RI=0 和停止位为 1 或 SM2=0 时,则接收数据有效,进入 SBUF,停止位进入 RB8,并置中断请求标志 RI 为 1。若上述两个条件不满足,则该组数据丢失,不再恢复。这时将重新检测 RXD 上 1 到 0 的负跳变,以接收下一帧数据。中断标志也必须由用户在中断服务程序中清零。

(3) 方式 2

在方式 2 下,串行口为 11 位 UART,传送波特率与 SMOD 有关。发送或接收到一帧数据包括 1 位起始位 0、8 位数据位、一位可编程位(用于奇偶校验)和 1 位停止位 1。发送时,先根据通信协议由软件设置 TB8,然后将要发送到数据写入 SBUF,启动发送。写 SBUF 的语句,除了将 8 位数据写入 SBUF 外,同时还将 TB8 装入发送移位寄存器的第 9 位,并通知发送控制器进行一次发送,一帧信息即从 TXD 发送。在发送完一帧信息后,TI 被自动置 1,在发送下一帧信息之前,TI 必须在中断服务程序或查询程序中清零。

当 REN=1 时,允许串行口接收数据,当接收器采样到 RXD 端的负跳变,并判断起始位有效后,数据由 RXD 端输入,开始接收一帧信息。当接收器接收到第 9 位数据后,若同时满足以下两个条件:RI=0 和 SM2=0 或接收到的第 9 位数据为 1,则接收数据有效,将 8 位数据送入 SBUF,第 9 位送入 RB8,并置 RI=1。若不满足上述两个条件,则信息丢失。

(4) 方式 3

方式 3 为波特率可变的 11 位 UART 通信方式,除了波特率之外,方式 3 与方式 2 完全相同。

2. 设置波特率

串行口的通信波特率反映了串行传输数据的速率。波特率的选用,不仅和所选通信设备、传输距离有关,还受传输线状况制约,用户需根据实际情况正确选用。

(1)方式 0 的波特率。在方式 0 下,串行通信的波特率是固定的,其值为 $f_{osc}/12$(f_{osc} 为主机频率)

(2)方式 2 的波特率。在方式 2 下,通信波特率为 $f_{osc}/32$ 或 $f_{osc}/64$,用户可以根据 PCON 中 SMOD 位状态来确定串行口在哪个波特率下工作。选定公式为:

$$波特率 = \frac{2^{SMOD}}{64} * f_{osc}$$,当 SMOD=0 时,所选波特率为 $f_{osc}/64$;若 SMOD=1,则波特率为 $f_{osc}/32$。

(3)方式 1 或方式 3 的波特率。在这两种情况下,波特率是由定时器的溢出率来决定的,因此波特率也是可变的。相应公式如下:波特率 $= \frac{2^{SMOD}}{32} *$ 定时器 T1 溢出率,定时器 T1 溢出率的计算公式为:定时器 T1 溢出率 $= \frac{f_{osc}}{12} * \frac{1}{2^k - 初值}$,公式中 k 取值如下:

若定时器 T1 为方式 0,则 $k=13$;

若定时器 T1 为方式 1,则 $k=16$;

若定时器 T1 为方式 2 或 3,则 $k=8$;

综上所述,设置串口波特率的步骤如下:

① 写 TMOD,设置定时器 T1 的工作方式;

② 给 TH1 和 TL1 赋值,设定定时器 T1 的初值 X;

③ 置位 TR1,启动定时器 T1,即启动波特率发生器。

8.3　RS232 通信

RS232 是一种串行数据接口标准,由美国电子工业协会(EIA)制订并发布。在 PC 及工业通信中被广泛采用,如录像机、计算机以及许多工业控制设备上都配有 RS232 串行通信接口。RS 是英文"推荐标准"的缩写,232 为标志号,对于一般的双工通信,仅需几条信号线就可以实现,包括一条发送线、一条接收线和一条地线。

图 8-6 所示为计算机 9 芯串口引脚排列图,表 8-4 所示为计算机 9 芯串口引脚信号功能。作为一种工业标准,它可以使不同厂家的产品实现兼容。RS232 属点对点传送,其最大传送距离约为 15m,最高速率可达 20kbit/s。所以通常用于本地通信。RS232 其逻辑电平对地是对称的,与 TTL、MOS 逻辑电平完全不同。逻辑 0 电平规定为 +5～+15V 之间,逻辑 1 电平规定为 −15～−5V 之间,因此,RS232 与 TTL 电平连接必须经过电平转换。目前比较常用的方法是直接选用 232 芯片,图 8-7 所示为 51 单片机串行口电平转换电路。

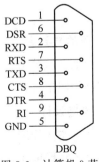

图 8-6　计算机 9 芯串口引脚排列图

表 8-4　计算机 9 芯串口引脚信号功能表

脚号	信号名称	方向	信号功能
1	DCD	PC←对方	PC 收到远程信号（载波检测）
2	RXD	PC←对方	PC 接收数据
3	TXD	对方→PC	PC 发送数据
4	DTR	对方→PC	PC 准备就绪
5	GND	—	信号地
6	DSR	PC←对方	对方准备就绪
7	RTS	对方→PC	PC 请求接收数据
8	CTS	PC←对方	双方已切换到接收状态（清除发送）
9	RI	PC←对方	通知 PC，线路正常（振铃指示）

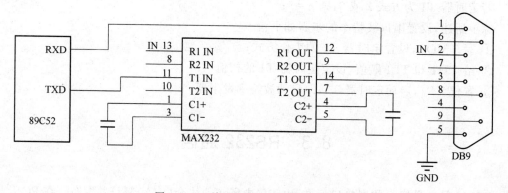

图 8-7　51 单片机串行口电平转换电路

任务 10　数据传送系统设计

1. 目的与要求

利用单片机的串行口将 PC 端发送过来的信号接收并通过数码管显示出来。借助于串口调试助手向单片机发送一个数据，使单片机将接收到的数据在数码管上显示出来。

2. 电路设计

硬件电路图如图 8-8 所示，该电路包括单片机最小系统、四位数码管组成的显示电路以及串口电平转换电路。

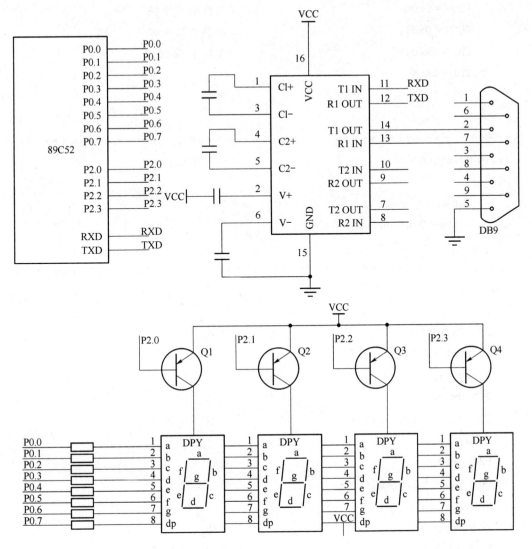

图 8-8　数据传送系统设计

3. 数传系统程序设计

```
/ ******************************************* /
#include <reg51.h>
#include<absacc.h>
unsigned char code tab[] = {0xc0;0xf9;0xa4;0xb0;0x99;0x92;0x82;0xf8;0x80;0x90};
                                        //共阳数码管字段码
unsigned char dat;
/ ******************************************* /
void Init_Com(void)                     //串口初始化程序
{
    TMOD = 0x20;                        //定时器工作方式2,自动装入初值
```

```
        PCON = 0x00;                    //波特率不增倍
        SCON = 0x50;                    //设串口工作方式
        TH1 = 0xfd;                     //波特率 9600
        TL1 = 0xfd;
        TR1 = 1;                        //启动定时器
    }
/ * * * * * * * * * * * * * * * * * * * * * * * * * * * * * * * * * * * * * * * * * * * * * /
void delay(void)                        //延时函数
{
        int k;
        for(k = 0;k<600;k + + );
}
/ * * * * * * * * * * * * * * * * * * * * * * * * * * * * * * * * * * * * * * * * * * * * * /
void display(int k)                     //数码管显示程序
{
    P2 = 0xfe;                          //位选
    P0 = tab[k/1000];                   //显示千位数字
    delay();
    P2 = 0xfd;                          //位选
    P0 = tab[k % 1000/100];             //显示百位数字
    delay();
    P2 = 0xfb;                          //位选
    P0 = tab[k % 100/10];               //显示十位数字
    delay();
    P2 = 0xf7;                          //位选
    P0 = tab[k % 10];                   //显示个位数字
    delay();
    P2 = 0xff;                          //   位选
}
/ * * * * * * * * * * * * * * * * * * * * * * * * * * * * * * * * * * * * * * * * * * * * * /
void main()                             //主函数
{
    P2 = 0xff;
    P0 = 0xff;                          //初始化,关 LED 显示
    Init_Com();                         //调用串口初始化程序
    while(1)
    {
            if(RI)                      //判断是否收到数据
```

```
        {
            dat = SBUF;              //接收数据
            RI = 0;                  //软件清除标志位
        }
        display(dat);                //调用显示程序,显示收到的数据
    }
}
/ ******************************************************* /
```

第9章 综合应用

9.1 项目一:循迹智能车

9.1.1 设计目标及工作原理

随着素质教育的推进以及电子竞赛的开展,很多高职院校都把制作智能小车作为一个选题,用来培养学生的实践能力。智能小车不但能够调动学生的学习兴趣而且由于涉及机械结构、电子技术基础、传感器原理以及单片机应用等诸多学科知识,因此通过该项目的开展,可以使学生实现知识的综合运用和解决实际问题能力的提高。此外,智能小车还是一个很好的硬件平台,只要增加一些控制电路就能完成避障机器人、遥控汽车等项目。

1. 实现功能

在白色的场地上有一条 16 mm 宽的黑色椭圆形跑道,要求小车能够沿着黑色跑道自动行驶,在跑道拐弯处能够自动修正前进方向,循黑色跑道前进。

2. 实现原理

首先小车能够在上电后前进,这就要求利用电机驱动小车,所以要通过驱动电路来驱动电动机转动;在小车行进的过程中,若出现偏离跑道的情况,需要具有自动纠偏的功能。这就涉及利用单片机通过检测传感器的信号来判断小车是否偏离轨迹,若偏离则通过驱动电动机的信号变化来实现小车向左右方向转弯来实现轨迹的修正。因此该项目硬件方面主要包括单片机最小系统、电动机驱动电路以及利用传感器实现的循迹检测电路三个部分。下面分别予以介绍。

9.1.2 硬件设计

1. 单片机最小系统

最小系统如图 9-1 所示。在该系统中,系统上电后,闭合开关 S1,电源指示灯亮,表明供电良好。

本项目我们利用 P1.0、P1.1 两个引脚来控制电动机驱动电路,作为小车左车轮电动机驱动电路的输入端;利用 P1.2、P1.3 两个引脚作为小车左车轮电动机驱动电路的输入端。三路循迹传感器的输出信号分别接 P2.0、P2.1 和 P2.2 三个引脚,供单片机分析判断处理。

P3.0 和 P3.1 引脚作为程序的下载端口通过接插件引出。

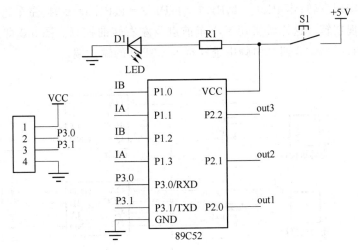

图 9-1　单片机最小系统

2. 电动机驱动电路

在循迹智能车中采用 L9110 芯片来驱动小车电动机。L9110 是为控制和驱动电机设计的两通道推挽式功率放大专用集成电路器件,将分立电路集成在单片 IC 之中,使外围器件成本降低,整机可靠性提高。该芯片有两个 TTL/CMOS 兼容电平的输入,具有良好的抗扰性;两个输出端能直接驱动电动机的正反向运动及刹车,它具有较大的电流驱动能力,每通道能通过 750~800mA 的持续电流,峰值电流能力可达 1.5~2.0A;同时它具有较低的输出饱和压降;内置的钳位二极管能释放感性负载的反向冲击电流,使它在驱动继电器、直流电动机、步进电动机或开关功率管的使用上安全可靠。因此被广泛应用于保险柜、玩具汽车的电动机驱动、步进电动机驱动和开关功率管等电路上。L9110 芯片引脚图及功能表分别如图 9-2 及表 9-1 所示。

表 9-1　L9110 芯片功能表

序号	符号	功能
1	OA	A 路输出引脚
2	VCC	电源电压
3	VCC	电源电压
4	OB	B 路输出引脚
5	GND	地线
6	IA	A 路输入引脚
7	IB	B 路输入引脚
8	GND	地线

图 9-2　L9110 芯片引脚图

在本项目中,P1.0、P1.1 两个引脚分别接左车轮驱动电机的输入端 IB 和 IA;P1.2、P1.3 两个引脚分别接右车轮驱动电机的输入端 IB 和 IA。当 P1.0＝1、P1.1＝0;P1.2＝1、

P1.3＝0时，小车直线前进；当 P1.0＝1、P1.1＝0；P1.2＝1、P1.3＝1 时，左车轮前进右车轮停止，此时车轮实现右转；当 P1.0＝1、P1.1＝1；P1.2＝1、P1.3＝0 时，左车轮停止右车轮前进，此时车轮实现左转。这样就实现了小车前进及左右转的控制。图 9-3 即是电动机驱动电路原理图。P1.0～P1.3 四个引脚由排针接入 L9110 的输入端。

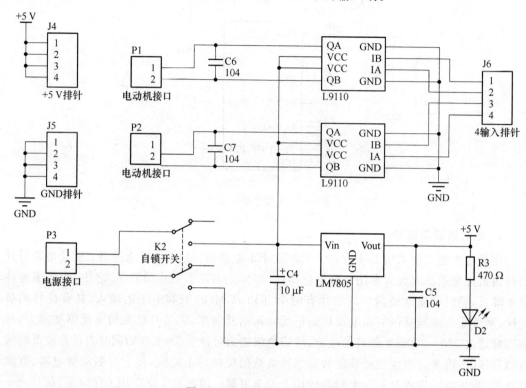

图 9-3 电动机驱动电路原理图

3. 检测电路

在检测小车循迹状态电路中采用了 TCRT5000 光电传感器模块。该模块是基于 TCRT5000 红外光电传感器设计的一款红外反射式光电开关。传感器采用高发射功率红外光电二极管和高灵敏度光电晶体管组成，输出信号经施密特电路整形，稳定可靠。主要应用于电度表脉冲数据采样、传真机碎纸机纸张检测、障碍检测以及黑白线检测。基本参数：外形尺寸：长 32 mm～37 mm；宽 7.5 mm；厚 5 mm，工作电压：DC 3～5.5 V，推荐工作电压为 5 V。检测距离：1 mm～8 mm 适用，焦点距离为 2.5 mm。

（1）模块原理和应用

传感器的红外发射二极管不断发射红外线，当发射出的红外线没有被反射回来或被反射回来但强度不够大时，光敏晶体管一直处于关断状态；被检测物体出现在检测范围内时，红外线被反射回来且强度足够大，光敏晶体管饱和。实物如图 9-4 所示。

（2）检测电路

检测电路如图 9-5 所示，该电路由三组红外光电传感器 TCRT5000 以及运算放大器 LM324 组成。这里 LM324 做四组比较器用。由于该电路采用三组传感器，所以仅需要三组比较器。其工作原理是：以 1、2、3 引脚组成的一组比较器为例，当传感器输出信号引入 2 脚时,即与 5V 电压通过电位器引入 3 脚的电压信号相比较,如果 3 脚信号电压大于 2 脚信号电压,则 LM324 输出引脚(1 脚 out1)输出 高电平 ;反之则输出低电平。该电路把输出引脚 out1、out2、out3 分别与单片机引脚 P2.0、P2.1、P2.2 相连。这样就可以通过检测 P2 口这三个管脚的状态来确定小车是否循迹,若未循迹则通过程序控制电动机的转向来实现循迹。

图 9-4　TCRT5000 光电传感器

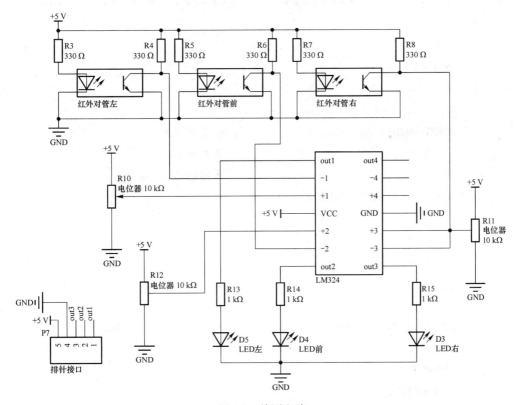

图 9-5　检测电路

9.1.3 程序设计

本程序包括主程序和中断子程序,采用了定时器 T0 中断,当小车偏离轨道时,启动定时器中断,在中断子函数中控制电动机的转向,使小车回归轨道。程序如下:

```c
/**********************************************************/
#include<reg51.h>
sbit P20 = P2^0;                    //循迹口  左传感器状态
sbit P21 = P2^1;                    //循迹口  前传感器状态
sbit P22 = P2^2;                    //循迹口  右传感器状态

sbit P10 = P1^0;                    //电动机1  IB  左轮
sbit P11 = P1^1;                    //电动机1  IA

sbit P12 = P1^2;                    //电动机2  IB  右轮
sbit P13 = P1^3;                    //电动机2  IA
/**********************************************************/
void main()
{
    while(1)
    {
    P10 = 0;P11 = 0;P12 = 0;P13 = 0;
     TMOD = 0X01;                   //设置定时器
        EA = 1;                     //开总中断
       ET0 = 1;                     //开定时器 T0 中断
    if(P20 == 0&&P21 == 1&&P22 == 0)  //小车直走
    {
       TH0 = 0XFF;                  //定时 0.01 ms
       TL0 = 0xFe;
       TR0 = 1;
    }
    if(P20 == 0&&P21 == 0&&P22 == 1)  //小车左转 定时 0.005 ms
    {
       TH0 = 0XFF;
       TL0 = 0XFb;
       TR0 = 1;
    }
    if(P20 == 1&&P21 == 0&&P22 == 0)  //小车右转 定时 0.005ms
```

```
        {
            TH0 = 0XFF;
            TL0 = 0XFb;
            TR0 = 1;
        }
    }
}
/ * * * * * * * * * * * * * * * * * * * * * * * * * * * * * * * * * * * * * * * * * * * * * * * * * * * * * * * /
    timer0()interrupt 1
        {
            if(P20 == 0&&P21 == 1&&P22 == 0)//小车直线快走   定时 0.002ms
              {
                THO = 0XFF;
                TL0 = 0xFe;
                    P10 = 1;                    //电动机 1
                    P11 = 0;
                    P12 = 1;                    //电动机 2
                    P13 = 0;
              }
            if(P20 == 0&&P21 == 0&&P22 == 1) //小车右转 定时 0.005ms
              {

                THO = 0XFF;
                TL0 = 0Xfb;
                P10 = 1;                        //电动机 1 左轮
                P11 = 0;
                P12 = 1;                        //电动机 2
                P13 = 1;
                  }
            if(P20 == 1&&P21 == 0&&P22 == 0) //小车左转 定时 0.005ms
                {

                THO = 0XFF;
                TL0 = 0Xfb;
                    P10 = 1;                    //电动机 1
                    P11 = 1;
                    P12 = 1;                    //电动机 2   //右轮
                    P13 = 0;
```

```
    if(P20 == 0&&P21 == 0&&P22 == 0) //电动机停止
  {
      TH0 = 0XFF;
      TL0 = 0XFb;
      P10 = 1;                      //电动机 1
      P11 = 1;
      P12 = 1;                      //电动机 2
      P13 = 1;
      }

      }
/***********************************************************/
```

9.1.4 功能测试

本循迹小车的机械部分装配比较简单故不做说明。上电后,要通过调节电位器校准传感器。然后根据实际出现的现象来调试电路。

9.2 综合项目二:语音播报的温湿度仪

9.2.1 工作原理

以单片机为控制核心,以温湿度传感器作为测量元件,构成智能温湿度测量系统。该系统主要由温度测量电路,湿度测量电路,数据存储及显示电路,语音播报等组成,如图 9-6 所示。

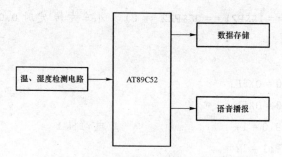

图 9-6 语音播报的温湿度仪原理框图

本系统以单片机 AT89C52 为核心,数据采集、存储、播报等都是通过单片机来完成。数据采集通过单总线的智能温湿度传感器来完成;当采集数据超出预定值时,语音芯片实时播报。

9.2.2 硬件电路设计

1. 温湿度检测电路

在本方案中温湿度检查我们采用 DHT11 传感器。DH11 是一款数字式湿、温度传感器,它应用专用的数字模块采集技术和温湿度传感技术,确保产品具有极高的可靠性与卓越的长期稳定性。该传感器包括一个电阻式感湿元件和一个 NTC 测温元件,并与一个高性能 8 位单片机相连接。因此该产品具有品质卓越、超快感应、抗干扰能力强、性价比极高等优点,它可以实时地采温度和湿度信息,并以单总线的方式来传送数据。该传感器的湿度范围为 20%～90%RH,湿度的测量范围为 0～50 ℃。

(1) DHT11 的引脚用途如下:

VDD:3.5～5.5 V 电源。

DATA:单总线的串行数据传送引脚。

NC:空引脚。

GND:电源地。

(2) DH11 的数据包由 5 个字节构成,共 40 位,其数据结构如下:

byte4	byte3	byte2	byte1	byte0
00101101	00000000	00011100	00000000	01001001
湿度整数	湿度小数	温度整数	温度小数	效验和

(3) 温湿度的方法为:

湿度＝byte4. byte3＝45.0(%RH)

温度＝byte2. byte1＝28.0(℃)

效验和＝byte4＋byte3＋byte2＋byte1＝73

(4) 通过查阅 DH11 相关资料,得到了温湿度检测的硬件电路图,如图 9-7 所示。

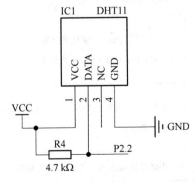

图 9-7 温湿度检测的硬件电路图

2. 数据存储、语音播报电路

本次设计我们采用 ISD4002 语音芯片,主要基于以下考虑 ISD4002 采用直接模拟量存储技术,音质好,信息存放在芯片内部 FLASHRAM 中,抗断电,录放时间长,无须专用语音开发工具,能随意更改内容和耗电省等。

(1)ISD4002 引脚功能介绍,如表 9-2 所示。

表 9-2　ISD4002 引脚功能介绍

引线端	符号	功能说明
1	/SS	器件选择。当该端为低电平时,本器件被选中
2	MOSI	ISD 的串行输入端。主机(微处理器)应在时钟上升沿之前半个周期将数据放到本线上
3	MISO	ISD 的串行输出端。本器件未被选中时,呈高阻抗
4,11,12,23	VSSD,VSSA	数字、模拟信号地线
5-10,15,19-22	NC	空脚
13	AUD OUT	音频信号输出端,能驱动 5 kΩ 负载
14	AMCAP	自动静噪端。大信号下不衰减,静音时衰减 6 dB
16 17	ANAIN− ANAIN+	录音信号差动输入端。IN+端输入阻抗 3 kΩ,IN−输入阻抗 56 kΩ。两输入端的耦合电容须相同,电容值决定低端截止频率,典型值。单端输入最大信号幅度 V_{pp} 为 32 mV,差分输入时 16 mV。单端输入时 IN−端的耦合电容接 V_{SSA}。
18,27	VCCD,VCCA	模拟、数字信号电源正端
24	RAC	行地址时钟输出(漏极开路输出)。内部存储器共分为 800 行,当操作到达行末时,本端输出一低电平脉冲
25	/INT	中断输出(漏极开路输出)。当存储器溢出或放音结束标志出现时,该端为低电平并保持
26	XCLK	外部时钟输入端。不用时必须接地
28	SCLK	串行时钟。它由主机产生,用于同步串行数据

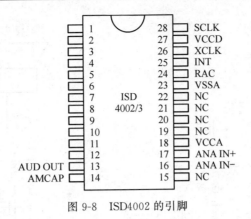

图 9-8　ISD4002 的引脚

（2）通过查阅 ISD4002 相关资料，得到了数据存储、语音播报电路的硬件电路图，图中 ISD 输出的信号经过功率放大器 LM386 放大后，给到扬声器，如图 9-9 所示。

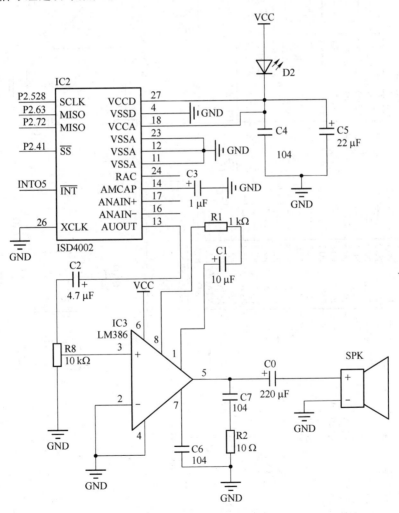

图 9-9　功率放大原理图

综合上面的电路图，我们得到了温、湿度语音播报系统完整的电路图，如图 9-10 所示。

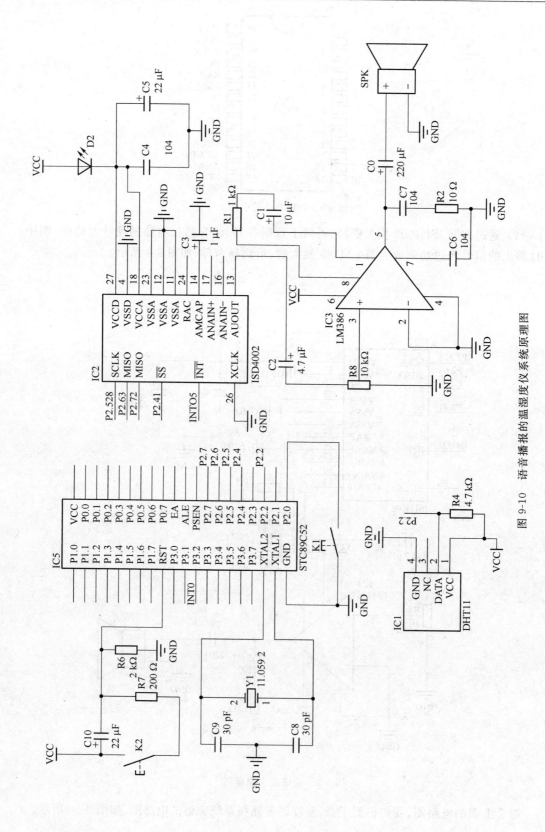

图 9-10 语音播报的温湿度仪系统原理图

9.2.3 程序设计

在功能实现上,主要油温湿度测量函数和语音播报函数等构成。事先录制好音段,以便播报时使用,其程序内容如下:

```c
#include<reg52.h>
#include<absacc.h>
#include<intrins.h>
#define uchar unsigned char
#define uint unsigned int
sbit dht = P2^2;                          //定义 DHT11 引脚
uchar bdata dht_data;                     //存放 DH11 发来的字节数据
uchar t1,t2,t3,t4,t5;                     //存放 DH11 发来的字节的数据
uchar dht_tab[5];                         //存放 DHT11 发来的数据
uchar  disbuf[5];
#define POWER_UP 0x2000
#define STOP 0x3000
#define PLAY 0xf000
#define SET_PLAY 0xe000
sbit CS = P2^4;
sbit CKSPI = P2^5;
sbit MISO_SPI = P2^6;
sbit MOSI_SPI = P2^7;
sbit KEY = P2^0;                          //播放键
uint code voice[] = {0x0000,0x0018,0x0030,0x0048,0x0060,0x0078,0x0090,
0x00a8,0x00d8,0x00f0,0x0108,0x0120};
void wr_spi_4002(uint dh)
{
    uchar i;
    CS = 0;
    CK_SPI = 1;
    for(i = 0;i<16;i++)
    {
    MOSI_SPI = dh&0x0001;
    CK_SPI = 0;
    _nop_();
    _nop_();
    CK_SPI = 1;
    dh>>= 1;
```

```
        }
        CS = 1;
    }
    void delay_10us(uchar n)
    {
        do
        {
            _nop_();
            _nop_();
            _nop_();
            _nop_();
            _nop_();
        }
        while( -- n);
    }
    void delay_ms(uint n)
    {
        do delay_10us(|3|);
        while( -- n);
    }
    void play4002(uint addr,uchar de1)
    {
        wr_spi_4002(addr|SET_PLAY);
        wr_spi_4002(PLAY);
        delay_ms(del);
        wr_spi_4002(STOP);
    }
    void data_to_disbuf(void)
    {
        disbuf[0] = t1/10;                      //湿度
        disbuf[1] = t1 % 10;
        disbuf[2] = t3/10;                      //温度
        disbuf[3] = t3 % 10;
    }
    void delay1(uint time)
    {
        while(time -- );                        //延时函数大约 9.9 μs
    }
    void DHT11()
```

```
{                                      //DHT11 温湿度采集
    uchar i,j;
    EA = 0;                            //关闭总中断
    dht = 0;                           //单总线引脚,设为 P1,2,主机发出开始
                                       //  信号
    dht_data = 0;                      //存放字节数据
    for(i = 0;i<20;i++)
    delay1(102);                       //延时越 1 ms
    dht = 1;                           //拉高并延时
    while(dht);                        //等待主机发出的开始信号结束
    while(! dht);                      //输出响应信号
    while(dht);                        //输出响应信号延时
    for(j = 0;j<5;j++)                 //五个字节,共四十位
    {
        for(i = 0;i<8;i++)             //每字节八位数据
        {
            dht_data = dht_data<<1;    //左移一位,以接收 DHT11 发来的数据
            while(! dht);              //等待 50 μs 低电平结束
            delay1(4);                 //延时越 40 μs
            if(dht == 1)
            {                          //判断总线信号是否为逻辑"1"
                dht_data = dht_data|0x01;   //接收一位发来的数据
                while(dht);            //等待低电平
            }
            else                       //总线信号为低电平
            {
                dht_data = dht_data|0x00;   //接收一位发来的数据
            }
        }
        dht_tab[j] = dht_data;         //数据存储
    }
    delay1(6);
    EA = 1;
    t1 = dht_tab[0];                   //湿度整数部分
    t2 = dht_tab[1];                   //湿度小数部分
    t3 = dht_tab[2];                   //温度整数部分
    t4 = dht_tab[3];                   //温度小数部分
    t5 = dht_tab[4];                   //检验位
}
```

```
void main()
{
    wr_spi_4002(POWER_UP);
    delay_ms(25);
    wr_spi_4002(POWER_UP);
    delay_ms(50);
    while(1)
    {
    DHT11();
    data_t0_disbuf();
    if(KEY == 0)                            //判别是否播报
    {
    play4002(voice[disbuf[12]],2000);    // % XX
    play4002(voice[disbuf[0]],600);
    play4002(voice[disbuf[10]],600);
    play4002(voice[disbuf[1]],600);
    delay_ms(500);
    play4002(voice[disbuf[2]],600);        //XX 度
    play4002(voice[disbuf[10]],600);
    play4002(voice[disbuf[3]],600);
    play4002(voice[disbuf[11]],600);
    }
    }
}
```

9.2.4　功能调试

上电后,系统开始不断读取温/湿度传感器,一旦发现有按键被触动,语音电路将播报出当时的温湿度情况,若播报一致,则说明运行良好。否则,就要对软硬件进行分析查找故障原因,反复修改,直到完全符合要求为止。

9.2.5　项目总结

通过项目总结能够使学生明确,在做这个项目的过程中有哪些收获,还有哪些不足,在以后的学习过程中着重加强这方面的努力,有助于更好的提升自己的专业能力。

附录 Keil C 新增的关键字

表 A-1 Keil C 新增的关键字

关键字	意义与用法
_at_	绝对地址定位
alien	函数类型()
bdata	用于指定存储于 RAM 中的位寻址区的数据
bit	定义位变量
code	用于指定存储于程序存储器中的数据
compact	用于指定存储器的使用模式为紧凑模式
data	用于定义变量为 RAM 中前 128 字节区
far	用于扩展大容量程序存储器(超过 64KB)
idata	用于定义变量为 RAM 中全部 256 字节区
interrupt	用于指定中断程序
large	用于指定存储器的使用模式为大模式
pdata	指定外部程序存储器的一页
priority	用于 Keil 提供的实时操作系统中,指定任务的优先权
reentrant	用于指定函数的重入
sbit	用于定义位
sfr	用于定义特殊功能寄存器
sfr16	用于定位 16 位的特殊功能寄存器
small	用于指定存储器的使用模式为小模式
task	用于 Keil 提供的实时操作系统中
using	用于函数中指定使用某一组工作寄存器
xdata	用于指定存储于扩展的外部 RAM 存储器的数据

参考文献

[1]　王静霞.单片机应用技术.北京:电子工业出版社,2014.

[2]　王岳圆.单片机C语言实训教程.北京:北京交通大学出版社,2011.

[3]　彭伟.单片机C语言程序设计实训100例-基于8051+Proteus.北京:电子工业出版社,2009.

[4]　李朝青.单片机原理及接口技术.北京:北京航空航天大学出版社,1999.

[5]　万福君.单片微机原理系统设计与开发应用.合肥:中国科学技术大学出版社,2001.

[6]　求是科技.单片机:典型模块设计实例导航.北京:人民邮电出版社,2005.

[7]　郭志勇.单片机应用技术项目教程(C语言版).北京:中国水利水电出版社,2011.

[8]　李明,毕万新.单片机原理与接口技术.大连:大连理工大学出版社,2009.

[9]　周坚.单片机C语言轻松入门.北京:北京航空航天大学出版社,2006.

[10]　杜洋.爱上单片机.北京:人民邮电出版社,2011.